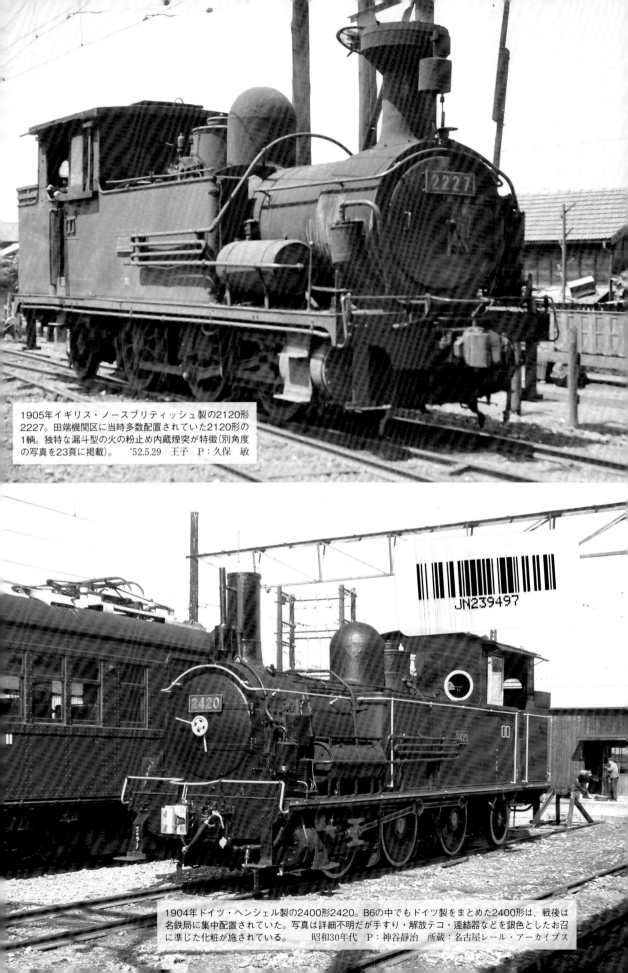

1905年イギリス・ノースブリティッシュ製の2120形2227。田端機関区に当時多数配置されていた2120形の1輌。独特な漏斗型の火の粉止め内蔵煙突が特徴（別角度の写真を23頁に掲載）。　'52.5.29　王子　P：久保　敏

1904年ドイツ・ヘンシェル製の2400形2420。B6の中でもドイツ製をまとめた2400形は、戦後は名鉄局に集中配置されていた。写真は詳細不明だが手すり・解放テコ・連結器などを銀色としたお召に準じた化粧が施されている。　昭和30年代　P：神谷静治　所蔵：名古屋レール・アーカイブス

1905年イギリス・ノースブリティッシュ製の2120形2313。前頁の2227と同じ田端所属機だが、こちらは漏斗型ではなく金網を被せたような簡易な火の粉止めが装着されている。
'56.9.3　田端
P：久保　敏

1905年イギリス・ノースブリティッシュ製の2120形2319。汐留貨物駅での入換に従事している品川機関区所属機。品川区は田端区と並んでB6の一大配置区だった。
'55.7.3　浜松町
P：平井宏司

1905年ドイツ・ヘンシェル製の2400形2454、給水中のシーン。前頁2420と共に煙室下部の末広がりの装飾板が存置されており、よりクラシカルな外観という印象を受ける。
昭和30年代　P：神谷静治
所蔵：名古屋レール・アーカイブス

北海道は美唄の三美運輸専用線で働いた2代目1号機（←2649・1905年ボールドウィン製）、同じく2代目2号機（←2248・1905年ノースブリティッシュ製）の重連。この2輌は1973年3月までと、動態のB6としては最も遅くまで活躍したとされる。2輌とも非公開ながら道内で保存されている。
'72.5.5　P：笹本健次

現在、日本工業大学でB6として唯一動態で保存されている2100形2109は、1891年イギリス・ダブス製。写真は西濃鉄道に譲渡後のもので、同鉄道では1960年代半ばまで活躍した。
昭和30年代　P：神谷静治
所蔵：名古屋レール・アーカイブス

前頁に掲載の西濃鉄道2109は廃車後、1970年に大井川鉄道に譲渡され、千頭～川根両国の構外側線での動態保存運転に供された。その後長く静態保存となっていたが、日本工業大学への譲渡が決まって1992～93年にかけて動態での修復を行った。写真は大井川本線を回送される大変魅力的で貴重なシーン(有火だが実際は編成後端の別の蒸機が押している)。　　'93.8.28　家山―抜里　P：RM

現在休園中の青梅鉄道公園には2120形2221が保存されている。1905年イギリス・ノースブリティッシュ製。2025年度末と予定されているリニューアルでもまた美しい姿で展示されることを期待したい。　　'09.3.19　青梅鉄道公園　P：安藤　功

2024年3月に閉所となった金沢総合車両所松任本所(旧・松任工場)には2120形2272が比較的良好な状態で保存されていた。1905年イギリス・ノースブリティッシュ製。先行きが案じられる1輌。　　'76.5.28　松任工場　P：久保　敏

名古屋市科学館には2400形2412が保存されている。1902年ドイツ・ハノーバー製で、晩年は四日市の石原産業専用線で活躍した。動輪を動かす動態展示に改変するため、現在は展示中止中。2025年秋頃の展示再開が予定されている。　　'12.11.3　名古屋市科学館　P：服部重敬

雪解けでぬかるんだ築堤をよじ登ると、三井美唄礦の専用線が選炭場へと伸びていた。そしてここで働く三美運輸所属の2輌のB6こそ、現役最後のB6であった。
1972.4.3　P：名取紀之

はじめに

　昭和23(1948)年春のある日、旧制新潟高等学校の生徒であった筆者は、友人とともに新潟鉄道局管下の新津機関区を訪問した。当時新津駅の入替はＢ６が実施しており、案内頂いた技術掛の太田さんに「何故軸配置がＣなのにＢ６というのですか」と質問したが、その時は明確な答えは得られなかった。これが古く鉄道作業局制定の形式であることを知ったのは、この年の夏、東京鉄道同好会に入会して鉄道博物館(当時)で文献を読みあさってからであった。

　戦前幼少の頃は関東地方主要駅の入替は殆どＢ６(2120形式)であり、幼時在住した宇都宮の入替は全機、1C1の軸配置を持つ独ハノーバー製の3170形式であり、より大型で車輪が多いことを内心自慢に思ったくらいであった。

　東京の山手線界隈は、品川機関区と田端機関区のＢ６で充満しており、当時の鉄道同好者にも珍しい「古典機」という感覚は全く無かったようである。当時私鉄訪問で雨宮機やコッペル機が、また雨宮か、コッペルか、とガッカリの対象となっていたが、国鉄のＢ６も同様ガッカリの処遇を受けていたようである。

　先輩の著書を読んで「Ｂ６が優秀であったから長生きしたのではなく、日露戦争を契機に作り過ぎるくらい増備され、数が多かったから昭和の30年代初頭まで生き残ることができたのだ。それでも粗製濫造のきらいがあったアメリカ製は早く淘汰されたのだ」と知らされ、優秀だから昭和、し

かも戦後まで生き延びたと思っていた筆者は意外の感に打たれたが、次の国鉄OBの話で、優秀な機関車だから戦後まで残ったとの話はやはり誤りであることを痛感した。

最近新津機関区OBの石崎留治さんの講演で、Ｂ６の整備はあらゆる面で苦労させられたと聞かされた。国鉄採用の翌日、手作業で重い制輪子の交換をやらされ、重さと方法の難しさで泣きそうになったと話されていた。特に第1動輪付近の作業、裏側のスチーブンソン式弁装置の調整は困難を極めたとのことであった。その他ブレーキ調整も難しく、新米泣かせとのことであった。

しかし、一方で西尾源太郎さんは郡山工場時代、Ｂ６の整備でシリンダーなどがしっかりしていたのに驚き、さすがイギリス製は違う、とも述べておられた。

新潟機関区に2265というＢ６がいたが、その当初の履歴簿が新潟運転所に残っていた。ところが記入の文字がすべて横文字（英語）で書かれていた。既に明治も30年代になっていたのに、お雇い外人以来の伝統には驚かされた。近藤所長にお願いして原本を頂けることになっていたが、某助役の反対で広報課（当時）保管ということになった。広報課では何年か片隅に置いてあったが、遂に年末の大掃除で廃棄されてしまった。関心の薄い人間のなせる悲劇であった。

石原産業2412。石原産業四日市工場でずいぶん大切にされていたドイツ生まれのＢ６の１輌である。全検２年後の、1968年７月に使用停止になったが、名古屋市の市立博物館に良好な状態で保存されている。
'68.2.27　四日市工場　Ｐ：小寺康正

戦前のＢ６概説

　いわゆるＢ６といわれる最初の機関車、2100～2105の6輛はイギリスのダブス社で1890(明治23)年に完成、勾配線用の強力な機関車として、当時の鉄道作業局の輸送改善に大きく貢献した。その後1903(明治36)年までに増備された機関車は、輸送難に悩む全国の主要幹線の勾配区間で大活躍することになった。この年までに生産された車輛は日本鉄道6輛、関西鉄道5輛を含めイギリス製の2100形式17輛、同じくイギリス製と国産の2120形式97輛、他に南満洲(当時)で使用後、鉄道院番号を持たず台湾総督府に譲渡されたもの3輛を含み合計117輛に達する。しかしＢ６の急速な増備が進められたのは、日露戦争(1904、1905両年)の軍用のためで、発注先をドイツ・アメリカまで広げ、2120形式171輛、2400形式(ドイツ)75輛、2500形式(アメリカ)168輛、院番号を持たないものイギリス製2輛の総計416輛が僅か2年間で増備された。このうち南満洲に送られた機関車は187輛(一部は陸軍野戦鉄道提理部の管轄に置かれたが、満洲には送られなかった)にも達した。当時のＢ６の多くの履歴簿は「南満還送」の文字から始まっていたことを思い出す。

　Ｂ６の「Ｃ１」という軸配置は粘着重量は大きかったが、軸重が大き過ぎ線路の脆弱な線区には進入できず、また先輪がないと言うことは正方向の運転で脱線の危険性もあった。このため2700形式は軸重軽減の目的で「Ｃ２」の軸配置とし、戦前、八王子機関区所属の2700は立川～日野間の多摩川の砂利線にも入っていた。また「１Ｃ１」に改造した2900形式の2907号機などは信濃川工事事務所に所属して小千谷発電所専用線にも使用されていた。これは軸重軽減と脱線防止の双方の目的であったと考えられる。また同じ「１Ｃ１」に改造されながら、ボークレン複式という複雑な気筒の方式に改造された3500形式は全5輛、東鉄、名鉄、札鉄に分散配置されていたが、1922年廃車という比較的短命に終わった。

　このほか戦前のＢ６で特記すべき事項は、1917(大正6)年5月、広軌改築(1067mm軌間の線路を1435mmに改める)主義者であった後藤新平鉄道院総裁が企画した広軌試験に、2120形式の2323号が広軌に改造されて横浜線での試験に使用されたことである。

　機関車9600はいつでも広軌に改造できる構造であった。また1918(大正7)年以降製造の客車は車軸に長軸を採用、簡単に広軌に改造できた。後藤新平の雄大な構想は政変で実現できなかったが、漸く新幹線で夢が具体化する。

　Ｂ６の製造母国のイギリス(形式2100.2120の大部分)、ドイツ(形式2400)、アメリカ(形式2500)のうち戦前からもっとも改造、廃車が多かったのがアメリカのボールドウイン社製である。形式2500のすべてがボールドウイン製であった。総計168輛輸入した中で改造は39輛にも上っている。

　戦前の私鉄等に譲渡された機関車をみても、鉄道院

◀鉄道作業局324(院2213)。鉄道作業局324は鉄道院になってから2213となる。シャープスチュワート1899年製。信越線は輸送力不足に悩み、Ｂ６の導入は比較的早かった。廃車まで長野・松本付近にいた。
明治30年代
信越線磯部駅
Ｐ：鉄道博物館所蔵

鉄道作業局1015(院2298)。鉄道作業局1015は鉄道院になってから2298となる。1905年イギリス、ノースブリティシュ製、日露戦争に間に合わず、輸入後直ちに国内で就役した。勾配線区間用らしく、砂箱が2個付いているのは製造当初かららしい。輸入当初の配置は分からないが、晩年は尻内(現八戸)に所属していた。　　　　　　　　　　　　　　　　　　　　　　　　　　場所日付不明。　P：鉄道博物館所蔵

鉄道作業局398(院2403)。鉄道作業局398は鉄道院になってから2403となる。1904年ドイツ、シュバルツコッフ(後のベルリナー)製、この機関車は日露戦争には間に合ったが、満洲に送られることはなかった。鉄道院時代から2400形式は中部鉄道管理局(名古屋)管内の配置が多く、この機関車も'55.2上諏訪で廃車になった。　　　　　　　　　　　　　　　　　　　場所日付不明。　P：鉄道博物館所蔵

番号が付いた後で、台湾総督府6輛(2521、2525、2526、2529、2534、2548=1909、1910年)、夕張鉄道1輛(2613=1926年)、松尾鉱業5輛(2518、2520、2522、2617、2636=1934、1935年)、明治製糖士別1輛(2649=1935年)、小倉鉄道1輛(2667改造2916=1934年)と計14輛に上っている。イギリス製でも2100形式は製造年次が古いためか、全17輛中東武鉄道1輛(2106=1929年)、西濃鉄道2輛(2105、2109=1930年)、常総鉄道2輛(2102、2111=1930、1929年)、と5輛が譲渡され、5輛が改造(2112~2114、2115、2116→2900~2904)されている。

しかし2120形式では台湾総督府に3輛、(2260~2262=1911年)、三岐鉄道に1輛(2278=1933年)の計4輛にしか過ぎない。鉄道作業局から南満還送の時代に台湾総督府や北海道鉄道・日本鉄道に譲渡されているが、台湾に行った5輛を除いて、すべて国鉄に籍が戻っている。また改造は2900形式へ2輛改造されたのにすぎない。

2400形式は不思議に戦前の改造・譲渡は全くなく、南満還送時、間接的に芸備鉄道に3輛移管されている

が、軸重が重すぎるということで間もなく戻された。2500形式は最初から現場で不評であったとのことであるが、改造・譲渡が戦前でもっとも多かった。変わった改造では、1915(大正4)年頃2633を1C1にして、過熱式に改造したことである。故臼井茂信氏の入手された形式図を掲げるが、本来のB6とはかなり異なった形態になっている。高崎機関区で試用されたが後に原形に戻されている。また関西鉄道から買収された「雷(いかずち)」105、106号は国有後2666、2667と2500形式に編入されたが、イギリス製のB6とはスタイルが異なり、キャブは密閉式、砂箱、蒸気ドームはアメリカスタイルであった。2667を改造した2916は基本的なスタイルはアメリカ型のまま小倉鉄道に払い下げられたので、再買収後も昭和23年1月まで在籍し、このアメリカンスタイルのB6を見たファンも多い。

1937(昭和12)年から1945(昭和20)年に至る戦役には9600、C56、C58、C51等の機関車が戦地に動員されたが、B6が戦場に送られることはなかった。B6が軸重が重く、規格の低い戦地の線路では使用困難と考えら

■表1．形式2100

番号	旧所属	旧番号	製造工場	製造年	製造番号	私鉄専用鉄道譲渡・改造等
2100~2105	作業局	105,107~111	ダブス	1890	2682~2687	譲渡2102(1930=常総鉄道)
						譲渡2105(1930=西濃鉄道)
2106~2111	日 本	60~65	ダブス	1891	2771~2776	譲渡2106(1929=東武鉄道)
						譲渡2109(1930=西濃鉄道)
						譲渡2111(1929=常総鉄道)
2112~2114	関 西	14~16	ダブス	1896	3315,3316,3323	改造2112~2114→2900~2902
2115・2116	関 西	78,79	ノースブリティシュ (ダブス=グラスゴウ)	1903	16019,16020	改造2115・2116→2903・2904

注：(2100,2120,2400,2500共通)
1) 作業局とは鉄道院成立前の国有鉄道の現場機関の名称「鉄道作業局」の略。
2) 鉄道院番号を優先表記した。この番号は改造機、譲渡機の一部以外変化なし。
3) 1903年、イギリスのダブス、シャープスチュワート、ネルソンの各社は合併してノースブリティシュとなり、グラスゴウ、アトラス、ハイドパークの各工場になる。
4) 結局最後まで院番号を受けなかったのは、台湾に行った359、365、366、759、792の5輛である。
5) 表1~4は『鉄道ピクトリアル』No.195金田茂裕、今村 潔両氏の記事を基に瀬古が補筆作成。
6) 表4のボールドウィンの製造番号は、5桁で飛び番号が多いために、記入欄を多くした。

■表3．形式2400

番号	旧所属	旧番号	製造工場	製造年	製造番号	私鉄専用鉄道譲渡・改造等
2400~2411	作業局	395~406	シュバルツコッフ	1904	3292~3303	譲渡2411(1949=雄別尺別)
2412~2414	作業局	408,411,412	ハノーバー (ハノーマック)	1902	4151,4154,4155	譲渡2412(1953=石原産業四日市)
―	作業局	407,409,410	ハノーバー (ハノーマック)	1902	4150,4152,4153	清国を経て芸備鉄道1~3
2415~2426	作業局	413~424	ヘンシェル	1904	6679~6690	
2427~2436	作業局	425~434	ヘンシェル	1905	7033~7042	
2437~2451	作業局	451~465	ヘンシェル	1905	7196~7210	
2452~2471	作業局	1200~1219	ヘンシェル	1905	7301~7320	
2472~2474	芸 備	1,2,3	ハノーバー (ハノーマック)	1902	4150,4152,4153	1913=480形式2輛、800形式2輛と交換

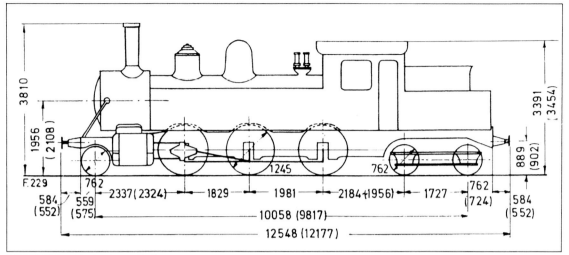

国有鉄道 形式3500（3500、3503、3504）
3500は鉄道国有化（鉄道統合）直後の1910年に、2500形式から改造され、この図の3500、3503、3504はアメリカンスタイルとなったが、他はB6のイギリススタイルを残していた。1C2に改造、軸重のバランスも取れていたが、ボークレン複式という慣れない改造が災いして、1922年7月に全機廃車。

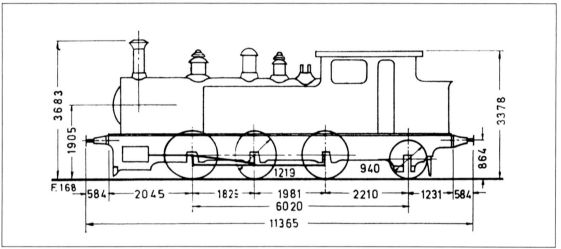

国有鉄道 形式2500（2666、2667）
国有鉄道の2500と同じアメリカのボールドウイン製だが、関西鉄道が直接ボールドウイン社から1906年に輸入したもので、「雷」と名付けられた。砂箱の形状などアメリカタイプが濃厚で、キャブも密閉式であった。2667は2916に改造後、小倉鉄道に譲渡されたが、アメリカンスタイルを保っていた。

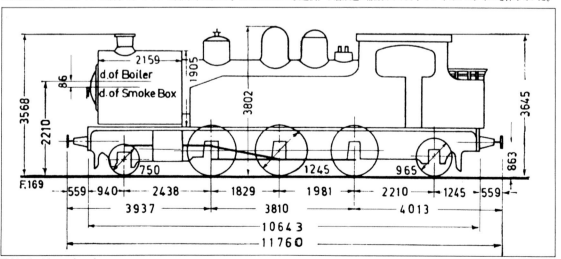

国有鉄道 形式2500（2633）
1918年、実に奇妙な形態に改造されている。先輪を付け煙室、缶胴など太く改造され、煙室に過熱管を装備して過熱式に改造されている。シリンダーが煙室中心部より後半にずれているので、缶胴の異常な太さと相俟って、ますます奇妙な形に見える。高崎庫所属だったが、間もなく原形に復元。

れたのてある。また炭水容量が大きいテンダー機関車が選ばれたことも影響している。もちろんＢ６が既に老朽の域に達していたことも無視できない。しかし戦争が幸いしてというか、多くの駅の入替機関車はＣ10

〜Ｃ12の新型タンク機関車が使われることもなく、何処へ行ってもＢ６の活動が見られた。特に東京付近は品川と田端に多数の機関車が配置され、戦中・戦後を通して活動を続けた。

■表2．形式2120

番号	旧所属	旧番号	製造工場	製造年	製造番号	私鉄専用鉄道譲渡・改造等
2120〜2125	作業局	328〜333	神戸工	1899	10〜15	
2126〜2129	作業局	334〜337	神戸工	1902	18〜21	譲渡2128(1949=日本電興)
2130〜2147	作業局	292〜309	ダブス	1898	3623〜3670	改造2130→マヌ3414、2132→マヌ3427、2144→マヌ348 譲渡2146(1951=北海道炭砿汽船) 譲渡2153(1955=東北肥料秋田)
2148〜2170	作業局	338〜358, 360,361	ダブス	1902	4142〜4162 4164,4165	改造2167→2906、2168→マヌ3428 譲渡2170(1955=ラサ工業宮古)
—	作業局	359	ダブス	1902	4163	譲渡作業局から直接台湾総督府へ
2171〜2198	作業局	362,364,365 367〜391	ノースブリティシュ(ダブス=グラスゴウ)	1903	15913,15915, 15916,15918, 〜15942	改造2171→マヌ3413、2177→マヌ342、2185→2907、2188→マヌ3424、2195→マヌ3410 譲渡2196(1950=雄別尺別)
—	作業局	363,366	ノースブリティシュ	1899	15914,15917	譲渡作業局から直接台湾総督府へ
2199〜2216	作業局	310〜327	シャープスチュワート	1899	4443〜4460	
2217〜2234	作業局	466〜483	ノースブリティシュ(ネルソン=ハイドパーク)	1905	16735〜16752	改造2225→マヌ3429 改造2237→マヌ3425、2259→マヌ349
2235〜2263	作業局	750〜758, 760〜779	ノースブリティシュ(ネルソン=ハイドパーク)	1905	16767〜16775, 16777〜16796	譲渡2248(1955=日本甜菜製糖士別) 譲渡2256(1955=小名浜臨港鉄道) 譲渡2260〜2262(1911=台湾総督府)
—	作業局	759	ノースブリティシュ	1905	16776	譲渡作業局から直接台湾総督府へ
2264〜2282	作業局	780〜791, 793〜799	ノースブリティシュ(シャープスチュアート=アトラス)	1905	16797〜16808, 16810〜16816	改造2264→マヌ3423 譲渡2273(1950=岩手開発鉄道) 改造2275→マヌ3426 譲渡2278(1933=三岐鉄道) 改造2282→マヌ346
—	作業局	792	ノースブリティシュ	1905	16809	譲渡作業局から直接台湾総督府へ
2283〜2325	作業局	1000〜1015, 1020〜1045, 1047	ノースブリティシュ(ネルソン=ハイドパーク)	1905	16973〜16988, 16993〜17018, 17020	改造2285→マヌ343 譲渡2287(1950=三菱油戸炭砿) 譲渡2288(1950=東北肥料秋田) 改造2289→マヌ3415、2298→マヌ3419、2299→マヌ3422,2301→マヌ3417,2302→マヌ3412 譲渡2304(1950=三菱油戸炭砿) 改造2306→マヌ344、2316→マヌ3416、2320→マヌ347
—	作業局	1016〜1019, 1046	ノースブリティシュ	1905	16989〜16992, 17019	北海道鉄道に譲渡後鉄道院2383〜2387
—	作業局	1048,1049	ノースブリティシュ	1905	17021,17022	日本鉄道に譲渡後鉄道院2366,2367
2326〜2345	作業局	1050〜1069	ノースブリティシュ(シャープスチュアート=アトラス)	1905	17023〜17042	改造2330→マヌ345、2336→マヌ3421、2338→マヌ341、2343→マヌ3420
—	作業局	1070〜1079	ノースブリティシュ	1905	17043〜17052	日本鉄道に譲渡後鉄道院2368〜2377
2346〜2365	作業局	1080〜1090	ノースブリティシュ(ダブス=グラスゴウ)	1905	17053〜17072	譲渡2347(1954=小坂鉄道花岡線) 改造2350→マヌ3411、2360→マヌ3418, 譲渡2356(1950=釧路臨港鉄道) 譲渡2359(1957=小名浜臨港鉄道)
2366〜2377	日本	833〜844	旧作業局1048,1049,1070〜1079			譲渡2374(1948=茨城交通)
2378〜2382	北海道	18〜22	ノースブリティシュ(シャープスチュアート=アトラス)	1905	16928〜16932	譲渡2381(1951=釧路臨港鉄道)
2383〜2387	北海道	23〜27	旧作業局1016〜1019,1046			北海道鉄道買収後鉄道院2383〜2387

■表4．形式2500

番号	旧所属	旧番号	製造工場	製造年	製造番号	私鉄専用鉄道譲渡・改造等
2500～2515	作業局	435～450	ボールドウイン	1904	24851,24852, 24859,24863～ 24870,24882～ 24886	改造2510→2908
2516～2525	作業局	700～709	ボールドウイン	1905	25288,25289, 25627,25342～ 25346,25357～ 25358	改造2516→2909 譲渡2518(1935　松尾鉱業) 改造2519→3503 譲渡2520(1934=松尾鉱業)、2521(1910 =台湾総督府)、2522(1934=松尾鉱業)、 2525(1910=台湾総督府)、2526(1910=台湾総督府)、2532(1929)五日市鉄道=再買収
2526～2538	作業局	710～722	ボールドウイン	1905	25378～25382, 25413～25415, 25419～25423	改造2527→3504,2530→2713 譲渡2529(1910=台湾総督府)、2534(1910=台湾総督府)、
2539～2555	作業局	723～739	ボールドウイン	1905	25444～25446 25462,25463 25472～25475 25498～25501 25527～25529 25536	改造2538→2910,2540→2913 2543→2714,2546→2905,2547→2706 譲渡2548(1910=台湾総督府)、 改造2549→2720,2550→2717 2552→2718 譲渡2553(1950=呉羽化学)
2556～2565	作業局	740～749	ボールドウイン	1905	25561～25562 25577,25599～ 25600,25619～ 25623	改造2565→2702
2566～2591	作業局	1100～1125	ボールドウイン	1905	25916,25917, 25951,25952, 25970,25971, 25987～25989, 25998,26017～ 26019,26029, 26032～26038, 26057,26058, 26082～26084,	改造2568→2911,2569→2708 2570→2711,2575→2719 譲渡2719(1951=雄別炭砿) 改造2582→2704,2584→2723 2587→2912,2588→3501,2591→2700
2592～2665	作業局	1126～1199	ボールドウイン	1905	26100,26101, 26122～26126,26151,26160 26162,26168～26169,26172, 26184～26186,26195,26196, 26205～26207,26213～26230, 26236,26237,26254,26255, 26285,26286,26303,26304, 26314,26315,26334,26335, 26348,26349,26364～26367, 26402,26403,26420,26421, 26432,26433,26452,26458, 26475,26476,26516,26517, 26538,26542,26592,26593, 26608,26609,26661,26683～ 26687,26742,26782,26783, 26830,26840	改造2593→2914、2594→2715 2602→2703 譲渡2605(1950=大日本セルロイド新井) 改造2606→2707,2608→2705 譲渡2613(1926=夕張鉄道) 改造2614→2721 譲渡2617(1935=松尾鉱業) 譲渡2623(1951=三井美唄) 譲渡2630(1948=茨城交通) 改造2635→2716 譲渡2636(1934=松尾鉱業) 改造2642→2701,2644→2712 2645→2722 譲渡2649(1935=明治製糖士別) 譲渡2650(1954=三菱上芦別) 譲渡2651(1954=三井美唄) 譲渡2653(1952=十勝鉄道) 改造2662→3502,2663→2709
2666・2667	関西	105,109	ボールドウイン	1906	27252,27253,	2666→2915,2667→2916 譲渡2916(1934=小倉鉄道)=再買収

13

西濃鉄道2105。故西尾克三郎氏の名作のひとつ。'38年の撮影は西濃鉄道に入線してから8年目。まだ空気制動機関係の機器もないので、砂箱の位置が後に移動しているほかはよく原形を保っている。日本工大保存の2109の兄弟。　'38.12.8　美濃赤坂駅　P：西尾克三郎

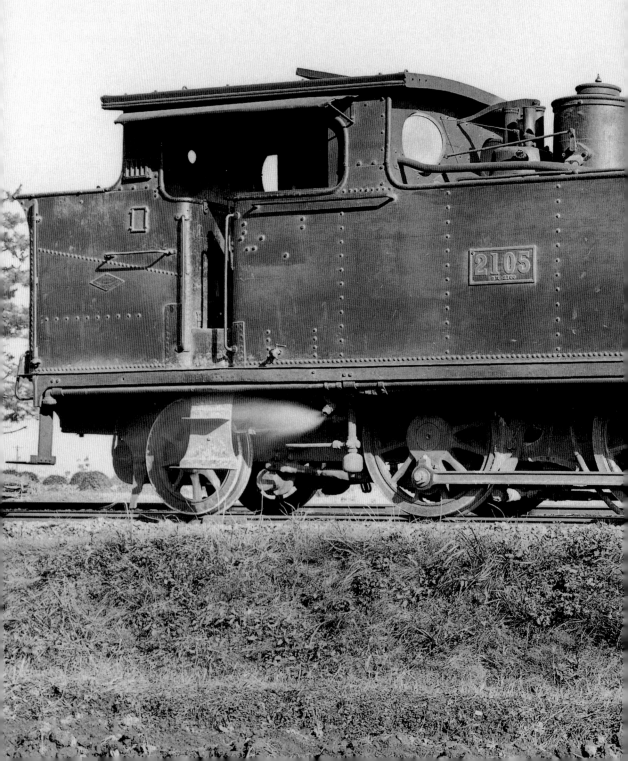

戦後のＢ６とその動向

　戦争で大きな痛手を受けた日本の蒸気機関車も戦後の新製や改造の機関車の配置が進むと廃車も出るようになった。しかし2120形式は268輛製造され、戦前2900形式に2輛、台湾に3輛、広軌試験用に1輛改造され、残リの262輛中、1948(昭和23)年9月現在239輛が在籍しており、その生存率は91.2％にものぼる。1898(明治31)～1905(明治38)年の間の製造で50年程度経過した機関車としては異例の生存率であった。また戦災・事故も含め16輛が戦後1948(昭和23)年9月以前に廃車処分を受けているので254÷262＝96.9％という高率で終戦時存命したことになる。この2120形式は昭和になってから主として旧東鉄と旧札鉄に配置されていた。配置の輛数がまとまって多かったことも検査修繕がしやすく、生き残リの多い理由だが、やはリＢ６中ではイギリス製(一部国産の神戸工場製)がもっとも優れていたといえよう。

　ドイツ製の2400形式は、鉄道作業局のナンバー時代に、清国政府を経て先述した芸備鉄道に3輛譲渡されたが、芸備鉄道では線路が弱く使い切れず、結局、鉄道院に戻され、75輛が在籍することになった。戦前の改造や譲渡は全くなく、このうち65輛が終戦時に在籍し、戦災や事故等で廃車になったのは4輛のみで、61輛が1948(昭和23)年9月現在で在籍している。

　終戦時在籍は65÷75＝86.6％、1948(昭和23)年9月在籍は、61÷75＝81.3％と2120形式より劣るが、大変優れた生存率を示している。輛数からみれば2120形式よリ遥かに少なく、その少ない輛数のなかでこれだけの生存率を示したのは、さすがはメカの国「ドイツ」産は違うといえよう。このドイツ製の2400形式は旧名鉄に集中配置された。

　2500形式となると惨胆たるもので、終戦時の在籍は36輛にしか過ぎない。製造は168輛に上ったが、戦前の譲渡は改造の2916を含めて14輛、改造で他形式になったものは39輛となるから、戦前の廃車は168－(譲渡14＋改造39＋在籍36－再買収1)＝78の計算で実に79輛が戦前に廃車の宣告を受けたことになる。

　改造の機関車を見ると、2700形式は比較的長命で、終戦時改造24輛中19輛が在籍しているが間もなく16輛に減少した。C2の軸配置がかなり線路規格の低い線区でも利用できたのが、種車が2500と劣悪であったのに比較的長命だった理由であろう。しかし1952(昭和27)

▶田端機関区2334と、2342または2346。田端機関区は同じ首都圏の品川機関区とならびＢ６の宝庫であった。煉瓦作りの庫は扇形庫ではない。大宮を過ぎ田端まで何輛かの入替のＢ６を見、隅田川貨物駅でもＢ６が900に代わり動いていた。　　　　　'50年代　Ｐ：鉄道博物館所蔵

16

国有鉄道2713。配置は東部鉄道管理局。2500のC2タイプへの改造。形式2700は2代目である。首都圏では八王子付近に多かった。1952年までに全滅。
P：鉄道博物館所蔵

■表5．改造機新旧番号対照表

形式	軸配置	改造年　場所	新　旧　番　号　対　象　表（上段が改造後の番号）												
2700	C2	1912～1914 新橋・長野・ 浜松	2700 2591	2701 2642	2702 2565	2703 2602	2704 2582	2705 2608	2706 2547	2707 2606	2708 2569	2709 2663	2710 2533	2711 2570	2712 2644
			2713 2530	2714 2543	2715 2594	2716 2635	2717 2550	2718 2552	2719 2575	2720 2549	2721 2614	2722 2645	2723 2584		
2900	1C1	1912 四日市・鷹取	2900 2112	2901 2113	2902 2114	2903 2115	2904 2116	2905 2546	2906 2167	2907 2185	2908 2510	2909 2516	2910 2538	2911 2568	2912 2587
			2913 2540	2914 2593	2915 2666	2916 2667									
3500	1C1 ボークレン 複式	1910 神戸・新橋・ 鷹取	3500 2500	3501 2588	3502 2662	3503 2519	3504 2527								
暖房車 マヌ34	1949 及び 1950 改造		341 2138	342 2177	343 2285	344 2306	345 2330	346 2282	347 2320	348 2144	349 2259	3410 2195	3411 2350	3412 2302	3413 2171	3414 2230	3415 2289
			3416 2316	3417 2301	3418 2360	3419 2298	3420 2343	3421 2336	3422 2299	3423 2164	3424 2188	3425 2237	3426 2175	3427 2132	3428 2168	3429 2225

注1）ボークレン複式とは山陽鉄道がかなり採用した方式で、機関車の上下に高低圧のシリンダーを設け、4個シリンダーとして熱効率の向上を目指したものである。
　2）臼井茂信著『国鉄蒸気機関車小史』による。『鉄道ピクトリアル』No.195今村　潔氏記事はミスプリントが多い。
　3）暖房車への改造番号は今村　潔氏記事による。

■表6．台湾に行ったB6

受入年度	番号	製造所	製造年	旧番号	旧所有者
明治41年度(1908)	80 81，82 83，84	(英)ダブス (英)ノースブリティシュ (英)ノースブリティシュ	1902 1903 1905	(局)359 (局)363，366 (局)759，792	鉄道院 鉄道院 鉄道院
明治42年度(1909)	85～87	(米)ボールドウイン	1905	(院)2521,2534,2548	鉄道院
明治43年度(1910)	88～90 91	(米)ボールドウイン (米)ボールドウイン	1905 1907	(院)2525,2526,2529 (院)？	鉄道院 ？
明治44年度(1911)	92～94	(英)ノースブリティシュ	1905	(院)2260～2262	鉄道院

注：寺島京一氏の資料（『rail』No.23）をもとに作成しているが、本表で？とされる1輌は、後に台湾総督府鉄道部に入ったとされるボールドウィン1907年製・製番32662の可能性がある（『鉄道ピクトリアル』No.195金田茂裕氏の記事）。

年には全滅している。

2900形式は如何なる理由か1935(昭和10)年現在で僅か3輌(2906、2907、2908)で、すべて施設局に移管されていたと考えられる。それが戦争直後には4輌に増加しているが、これは小倉鉄道再買収の2916が加わったためである。

施設局所属のうち、2908は1946(昭和21)年の弥彦線、東三乗－越後長沢間の復活工事に使用され、2907は小千谷発電所の専用線で活躍していた。

3500形式はボークレン複式という複雑な構造が災いして、取り扱い困難の理由から、1922(大正11)年に早くも全機廃車された。戦後は当然0である。

戦後まで生き残ったB6は、最大勢力2120形式では旧東鉄と新鉄に最も配置が多く、2400形式では名鉄に集中していた。2400形式が長岡(新鉄)に配置されていたのは、新潟局の南半はもと名鉄の所管であり、その時代の名残りということで、長岡に2400形式がいても不思議ではない。

2500形式に至っては、僅か残った戦争を越した機関車36輌は1948(昭和23)年現在32輌となり、東鉄と札鉄に集結して配置された。しかも廃車のテンポは他形式より早く、1955(昭和30)年の配置表には掲載はない。

戦後2120形式は1949(昭和24)と1950(昭和25)の両年に、暖房車マヌ34に29輌改造された。電化区間が延長されるにつれ石炭容量が多い暖房車が要求され、また暖房設備のない改造前のEF58や、もともと貨物用のEF15等の牽引が増加し、強力な暖房車が必要となった。しかしその後次第に電化区間での暖房車は、暖房罐を持つ機関車の増加や、電気暖房の普及のため不用となっていった。

台湾に行ったB6は金田氏の資料では合計14輌になるが実際は15輌入線しており(80～94)、寺島氏も91号の旧歴を不明としている(表6)。1935(昭和10)年現在15輌とも健在(表7)。また高田隆雄氏は1955(昭和30)年にバック運転で貨物列車を牽いているCK82を撮影されている。故寺島京一氏によれば15輌とも終戦時には健在とのことである。

■表7．1935(昭和10)年12月10日現在の台湾のB6(80形式)の配置

配置区	営業用	入替用
台北		80,81
彰化		86,87,88,89
二水	90,91,92,93,94	
嘉義		82,83,84,85

注：本表は転載で、『ミカド』16号、『rail』23号に全体の配置表が掲載されている。原典は昭和25年7月、当時台湾鉄道から引き揚げた東北地方建設局塩釜工場勤務の職員所持の資料を瀬古が筆写。

国有鉄道2323。1908年末、大風呂敷といわれた後藤新平が初代鉄道院総裁に就任するや、広軌拡張の大号令を出した。一旦政変で中止するが、後藤の再任で1917から再び具体的な活動に入る。5月には横浜線の橋本～原町田間に試験線を設けて、機関車は2120形式の2323を使用した。2323は復元されることなく廃車。
'17年5月 原町田駅構内　P：鉄道博物館所蔵

戦後国鉄のＢ６

　戦争中はＢ６も他の機関車と同様酷使が続けられたが、仲間の輛数が多かったことや、既に出来の悪いアメリカ製の2500形式が淘汰されたためか、戦後の車齢の高い機関車が淘汰される中で、1948(昭和23)年頃までは廃車も少なく、特に2120形式や2400形式は持ち応えることができた。

　1948(昭和23)年9月の配置を見ると、旧広島鉄道局(四国を含む)と門司鉄道局にはＢ６の配置はなかった。ただ門鉄の東小倉には小倉鉄道から再買収された改造機の2916が存在していたが、1948(昭和23)年1月29日付けで廃車された。

旧東京鉄道局

　最も配置が多かったのは東鉄局で、2120形式71輛、2500形式21輛で計92輛を数えた。特に品川機関区は20輛の2120形式が配置され、当時ほとんどが貨物取り扱いをしていた首都圏、特に山手線南半、東海道線東京付近各駅の貨物入替や小運転に従事していた。山手線北半や東北本線上野付近、常磐線の東京近郊の入替は、田端機関区が受け持っていた。田端区は平均して品川区より車齢の若いＢ６が配置されていた。

　『鉄道ピクトリアル』№195に当時の田端機関区長の成田松二郎氏のエピソードが掲載されている。線路のカーブがきつい隅田川貨物駅の入替は、日本鉄道以来の軸配置1B1の900形式で行なっていた。ところが900形式は老朽化して故障が多く、強引に2120形式に取り替えたところ、今度は線路のいたみがひどく保線関係の猛反発があったが、おかまいなしにＢ６での入替を続けられたとのことである。実力者成田氏でなければで

▶国有鉄道2341。買収線の南武線の矢向区には'48.9現在、B6が2輌配置になっていた。この写真の2341と後ろの2325である。矢向より分岐していた川崎河岸貨物線用の2輌だったのだろうか。'55.3には休車であったことが分かる。またモハ11450の姿も見える。
'55.3.13　南武線矢向区
　　　　　P：石川一造

▼国有鉄道2224。2224は品川機関区に永く配置されていたB6で、最後の1957年に漸く廃車になった。汐留の入替風景の後に続く貨車はワキ1000形式の編成で、当時黄色の横線を入れて「急行便」と称し、小口扱貨物の花形であった。
'54.10.17　汐留駅構内
　　　　　P：石川一造

きない仕事である。

　東鉄局配置の1/3のB6がこの2区で占めることになる。本来最も近代化していなくてはならない首都のどまん中で、日露戦争の生き残りの機関車が昭和30年代の始めまで入替や小運転に従事していたというのは考えてみれば驚きである。

　次に8輌と配置が多かった沼津は、当時東海道本線の電化は沼津までで、また御殿場線との接続で入替業務も多かった。沼津付近の貨物小運転にも使用されていた。次に尾久だが、東大宮の施設もなく、列車はすべて蒸気機関車の時代であった1948(昭和23)年頃は、逆行運転で客車先頭で尾久の客車操車場に進入してくる列車の入替もあり、結構仕事の量は多かった。

　水戸も始発列車が多く、事実上の水戸線の列車分岐点でもあり、水郡線も貨物列車が運転されていた時代である。6輌の配置は検修・予備を考えれば、決して多い量ではなかった。また2500形式2501の配置もあったが予備的な存在であった。

　国府津は御殿場線の分岐点、当時D52等の配置もあり、貨物輸送に重大な役割を果たしていた基地でもあった。4輌配置の2120形式はこれらに対処する入替用である。

　高崎第一は高崎線・上越線・両毛線・八高線の分岐点として重要な役割を果たしていた高崎駅に隣接し、入替業務も多かった。3輌の2120形式の他に8620形式も入替に携わっていた。

　小数配置で注目されるのは、1943・44(昭和18・19)年買収の旧南武鉄道の矢向に2120形式2輌、旧鶴見臨港鉄道の浜川崎に2120形式1輌、旧南武(五日市)鉄道の武蔵五日市に2120形式1輌と2500形式2輌が配置されてい

21

国有鉄道2305。水戸機関区で休車中の2305、'56.7.1付廃車の5ヵ月前の姿である。このスタイルが戦後B6の標準ともいえるものであった。ノースブリティシュ、アトラス工場製、1905年の大量生産車の仲間で、日露戦争には間に合わなかった1輌である。水タンク上の飛び出しは給水用の注入口か？
'56.2.2　水戸機関区　P：瀬古龍雄

国有鉄道2182。高崎第一機関区で休車中の2182、'56.9.1付廃車の11ヵ月前の姿である。ダブスの流れを汲むB6である。ノースブリティシュ、グラスゴウ工場の1903年製で製番は15926である。この機関車は南満洲に出征した。キャブの屋根はやや高く改造しているように見えるがはっきりしない。
'55.10.16　高崎第一機関区　P：瀬古龍雄

国有鉄道2227。恐らく大宮工場で全検(甲検)を終わって試運転に出る前と考えられる。田端では永く使用された。当時の東鉄のB6はこの写真のような漏斗型の火の粉止め内蔵の煙突を持っていた。その後信濃川工事事務所から岡山工事区に移り、国鉄では最長老に近い'61.7.7付で廃車された。
'51.9.23　大宮工場　P：石川一造

国有鉄道2131。直江津にいた2120形式最長老の2130(1898年製)がマヌ3414に改造されたので、2131が最古参機になった。ダブス1898年製、製番3624の立派な銘板を持っていた(33頁参照)。新小岩の前は仙鉄局配置で、1948年には仙台機関区に所属。新小岩工場では大切に取り扱われ、美しい状態であった。
'55.4.6　新小岩工場　P：瀬古龍雄

国有鉄道2122。東京のB6の牙城はまず田端から崩れ始めた。この神戸工場製の2122は銘板が脱落していた。間もなく廃車解体と思われたが信濃川工事局に移り、'60.8.30付で廃車になった。信濃川では十日町にあって千手発電所の材料運搬線に使用された。使用、といってもほとんど動かなかった。
'56.2.1　田端機関区　P：瀬古龍雄

国有鉄道2387。2386とともに2120形式のシンガリを務めるB6が田端で活躍していた。作業局の1019号機と1046号機で、国有前の北海道鉄道に譲渡されて26、27号となり、その後鉄道国有化で再び籍を得た。釧路臨港鉄道の11号機（北海道21→2381）のように、北海道で一生を終わった仲間もいる。
'56.2.1　田端機関区　P：瀬古龍雄

たことである。これらは、社形の引継機が老朽化や部品不足でほとんど休廃車になっていたので、B6が応援に回ったということである。ただし2532は1929（昭和4）年に五日市鉄道に譲渡されたものが、そのまま残ったものである。

桐生の1輌は足尾線の貨車の受け渡し、大宮工場の2156は工場の本線受け渡し口付近に何時もたむろしており、オールドファンにはなつかしい存在である。

2500形式を入替の主力にしていたのは、小山、平、高島、白河の各区であり、1949（昭和24）年まで続いたが、翌年中にほとんどその任務は終わり、廃車処分を受けている。高島機関区（後の横浜機関区）では、その後5500が生き残り、〈一声号〉が運転されたり、映画のロケなどにも使用されたが、間もなくC56に置き変わっている。

品川・田端・沼津など東鉄の2120形式は比較的寿命が長く、休廃車が続出したのは昭和30年代になってからである。1956（昭和31）年2月田端機関区の一斉廃休車を撮影したが、10輌近くのB6がずらり並んでいるのはまことに壮観であった。入替用の主力ディーゼル機関車DD13が出現したのは1957（昭和32）年であるから、B6の寿命が尽きても僅かの期間、他の蒸気機関車に依存する時代があった。品川には8620とC10が入り、田端にはC12とC50が入り始め、沼津はC50とC11にほとんど置き替わった。

1955（昭和30）年8月の配置表では、もっともB6の依存率が高かったのは東鉄であり、品川などかなりの輌数を擁し、新たに飯田町にB6が配置されたことが分かる。一方、旧新鉄など淘汰率は甚だしかった。この年、休車を含めても150輌を割り、全国の営業用の現役は50輌余りに落ち込んでいる。しかも1956（昭和31）年と翌々57年に大幅に廃車が行われた。

旧東鉄のB6は、1958（昭和33）年ころまでに廃車となり、1961（昭和36）年の配置表では、品川は完全にディーゼル化しており、DD13が何と45輌も配置され、田端は9600、C12とDD13の混成となった。何処の地区のB6も、DD13出現以前に休廃車の道を辿ったのは、やはり50年の寿命というべきか。

旧新潟鉄道局

北は大館、東は廃止前の庭坂、西は糸魚川、南は松本と、広い範囲を統括していた旧新鉄局は、B6の配置輌数も旧東鉄に次ぐ多数であった。1948（昭和23）年9月に在籍していたB6は2120形式77輌、2400形式6輌とB6王国といっても過言ではなかった。それが僅か7年の間に（新）秋田局・新潟局・長野局合計でも、28輌となり、うち入替用の現役は秋田局4輌、新潟局5輌、長野

田端機関区でズラリ休車のB6。この日休車で並んでいたB6は7輌、先頭から2313、2226、2387、2122、2222、2334、2386で、また離れて2227がいた。このうち銘板が付いていたものはいずれもノースブリティシュ製で3輌であった。　　　　　　　　　　'56.2.19　田端機関区　P：石川一造

国有鉄道2164。ダブスの1904年製で4158の製造番号を持つ銘板が付いていた。この機関車は日露戦争時、南満洲で活躍している。新鉄管内では長岡→新潟と移動し、この時期には休車状態であった。よく見ると写真下の2296とともに、キャブの一部分が広く改造してある。運転性や居住性を高めるための改造だろうか？
'54.12.19　新潟機関区　P：瀬古龍雄

国有鉄道2296。2164同様のキャブ改造がなされている。2164とは左右が異なる写真で機関士側も機関助士側も張り出しを作っていたことが分かる。また面白いことに両機とも砂箱が2個だが、後部の砂箱が原型よりやや小さく見える点までよく似ている。本機の最終所属は東新潟機関支区であった。
'56.2.26　新潟機関区　P：瀬古龍雄

国有鉄道2166。ほぼ同形の砂箱を前後に装着。当初のB6は砂箱がスチームドームより前に付いていた。それがほとんど後部に移されている。輸入後期には初めから2個付きも見られ、特に2500形式に多い。しかし初期のものに付いているのは増設であろう。本機はまだキャブの改造もされていない。
'55.6.5　長岡第一機関区　P：瀬古龍雄

国有鉄道2377。2377は旧日本鉄道からの買収機。それ以前は鉄道作業局の経歴もある。ノースブリティシュ1905年製、製番17052の銘板を残していた。ご覧の通り現役で構内の入替に従事していた。砂箱は2個だが、後部の砂箱は上部が平坦に近いお碗型になっている。米沢から土崎工場に移されている。
'55.10.1　土崎工場　P：瀬古龍雄

国有鉄道2156。東新潟機関支区配置の2156が集中六検で新津に回送されてきたときの写真である。2156の砂箱は2377とは逆で、前部がドーム型、後部が標準型である。このタイプの砂箱は珍しいが、このような例は40頁の鷹取工場2169で見られた。東新潟港の石炭桟橋の入替に使用され、'56.12.20付で廃車。　　　　　　　　　　　　　　　　　　　　　　　　　　　　　　　　　　　　　　　'54.10.29　新津機関区　P：瀬古龍雄

国有鉄道2124。既に掲出した2122同様神戸工場製である。製造番号はないが、「鉄道作業局神戸工場明治三十二年製造」という銘板が付いていた。神戸工場製は1988年に6輌、1902年に4輌製造され、ダブス製1898年製をモデルにしたものと考えられる。異様な形状のスチームドームは改造であろう。
　　'55.10.1　土崎工場　P：瀬古龍雄

国有鉄道2339。撮影時まだ現役であった。東新潟機関支区の2156同様、新鉄としては長生きで'56.12.20付で廃車。後期まで使用された機関車だけあって発電機や前照灯が整備されている。前照灯の整備された機関車は後期まで活動した機関車の一部（2120、2169、2410、2461など）で、数は多くない。

'55.8.7　直江津機関区　P：瀬古龍雄

国有鉄道2221。工場専用の入替機関車として大切に使用。土崎工場での廃車は'60.5.7と遅く、その後も札幌工事局使用が幸いして青梅鉄道公園に入線できた。砂箱が標準型2個装備のほか警戒用の鐘も装備。日露戦争に従軍した南満還送の機関車でもある。この頃土崎工場の機関車はすべて「安全第一」と標記されていた。

'55.10.1　土崎工場　P：瀬古龍雄

国有鉄道2178。休車になってもまだ美しい状態が残っていた頃の写真である。外観は何の変哲もないB6に見えるが、よく見ると後部一基の砂箱がピーコック形という変わったスタイルである。まさか初めからこのタイプであったとは考えにくい。この機関車の戦前の形式入りのナンバープレートが、新津機関区の土中から3枚も出てきた珍事があった。'55.12.9廃車。　　　　'54.11.7　新潟機関区　P：瀬古龍雄

■表8．昭和23年9月のB6（改造機を含まず）全配置表

◆形式2120
①東京鉄道局　71輌

区	輌数	番　　号
品　　川	20	2121, 2125, 2136, 2137, 2140, 2145, 2172, 2180, 2201, 2224, 2230, 2239, 2267, 2291, 2293, 2309, 2319, 2322, 2357, 2383
田　　端	17	2158, 2165, 2222, 2226, 2227, 2229, 2234, 2272, 2284, 2327, 2334, 2342, 2346, 2352, 2385, 2386, 2387
沼　　津	8	2120, 2181, 2194, 2217, 2220, 2271, 2284, 2386
尾　　久	7	2155, 2206, 2294, 2312, 2313, 2335, 2348
水　　戸	6	2187, 2279, 2297, 2305, 2317, 2344
国 府 津	4	2122, 2173, 2214, 2359
高崎第一	3	2182, 2193, 2197
矢　　向	2	2325, 2341
武蔵五日市	1	2184
浜 川 崎	1	2349
桐　　生	1	2186
大宮工場	1	2157

②新潟鉄道局　77輌

区	輌数	番　　号
新　　潟	11	2170, 2204, 2208, 2233, 2237, 2243, 2264, 2275, 2315, 2336, 2361
秋　　田	9	2132, 2153, 2158, 2209, 2244, 2266, 2288, 2371, 2373
直 江 津	7	2130, 2133, 2302, 2304, 2332, 2339, 2345
新　　津	6	2124, 2128, 2148, 2178, 2236, 2265
東新潟港	6	2156, 2179, 2250, 2281, 2296, 2331
長　岡	4	2164, 2199, 2351, 2354
山　　形	4	2161, 2255, 2295, 2347
大　　館	4	2160, 2200, 2225, 2369
糸 魚 川	3	2141, 2166, 2303
松　　本	3	2213, 2333, 2337
米　　沢	3	2253, 2376, 2377
新　　庄	3	2188, 2268, 2375
酒　　田	3	2207, 2257, 2287
坂　　町	2	2247, 2372
横　　手	2	2203, 2248
柏　　崎	2	2147, 2154
東 能 代	2	2215, 2221
長野工場	2	2231, 2343
長　　野	1	2159

③仙台鉄道局　40輌

区	輌数	番　　号
郡　　山	9	2151, 2189, 2191, 2238, 2251, 2256, 2263, 2277, 2358
仙　　台	6	2126, 2127, 2131, 2139, 2205, 2270
福　　島	4	2162, 2163, 2242, 2254
盛　　岡	3	2129, 2152, 2368
尻　　内	3	2143, 2298, 2328
一 ノ 関	3	2216, 2218, 2360
会津若松	2	2300, 2366
青　　森	2	2269, 2329
小 牛 田	2	2202, 2273
弘　　前	2	2175, 2299
黒 沢 尻	1	2223
原 ノ 町	1	2370
盛 岡 工	1	2210
郡 山 工	1	2245

④名古屋鉄道局　28輌

区	輌数	番　　号
金　　沢	7	2144, 2171, 2196, 2282, 2320, 2338, 2340
甲　　府	5	2177, 2289, 2306, 2314, 2326
敦　　賀	4	2134, 2174, 2301, 2316
木曽福島	4	2149, 2192, 2195, 2259
多 治 見	2	2310, 2311
中 津 川	2	2135, 2324
美濃太田	2	2308, 2321
七　　尾	1	2330
清　　水	1	2211

⑤大阪鉄道局　11輌

区	輌数	番　　号
福 知 山	4	2169, 2190, 2228, 2355
豊　　岡	2	2307, 2318
吹 田 工	2	2198, 2350
鷹 取 工	2	2249, 2276
後 藤 工	1	2290,

⑥札幌鉄道局　12輌

区	輌数	番　　号
留　　萌	4	2365, 2379, 2380, 2381
苗　　穂	3	2241, 2252, 2382
深　　川	2	2183, 2356
池　　田	2	2246, 2378
富 良 野	1	2146

◆形式2400
①名古屋鉄道局　55輌

区	輌数	番　　号
名 古 屋	13	2400, 2407, 2408, 2410, 2420, 2421, 2437, 2446, 2449, 2454, 2456, 2463, 2467
高　　岡	6	2414, 2424, 2430, 2461, 2462, 2465
木曽福島	6	2416, 2429, 2436, 2457, 2469, 2470
富　　山	5	2409, 2438, 2439, 2441, 2468
大　　垣	4	2432, 2455, 2471, 2472
美濃太田	4	2426, 2448, 2452, 2474
塩　　尻	4	2434, 2435, 2443, 2458
上 諏 訪	3	2403, 2425, 2431

区	輌数	番号
豊 橋	3	2418, 2419, 2451
七 尾	2	2450, 2464
静 岡	1	2422
清 水	1	2415
敦 賀	1	2411
浜 松	1	2401
浜 松 工	1	2473

②新潟鉄道局　6輌

区	輌数	番号
長 野	4	2434, 2435, 2443, 2458
長 岡 一	2	2413, 2433

◆形式2500
①東京鉄道局　21輌

区	輌数	番号
小 山	6	2505, 2506, 2507, 2579, 2597, 2637
平	4	2504, 2553, 2576, 2580
高 島	4	2629, 2632, 2633, 2634
白 河	3	2536, 2562, 2611
武蔵五日市	2	2532, 2659
水 戸	1	2501
品 川	1	2563

②札幌鉄道局　11輌

区	輌数	番号
池 田	3	2618, 2650, 2660
名 寄	3	2622, 2623, 2653
帯 広	2	2603, 2661
長 万 部	2	2646, 2657
苗 穂 工	1	2620

◆輌数総括表　　1948(昭和23)年9月現在

鉄道局名	形式2120	形式2400	形式2500	合 計
東 京	71		21	92
新 潟	77	6		83
名古屋	28	55		83
大 阪	11			11
仙 台	40			40
札 幌	12		11	23
合 計	239	61	32	332
残存/全輌数	239/268＝89.2%	61/75＝81.3%	32/168＝19.0%	332/511＝65.0%

注：全輌数とは鉄道院で決められた形式の全番号のことをいい、作業局番号時代に台湾に送られた輌数は含まないが、この年次までの私鉄・専用線譲渡車や、改造で他形式になったものは含む。

2131の製造銘板。ダブスの菱形の銘板は伝統的なものでノースブリティシュになってからも同形であった。
P：瀬古龍雄

局1輌計10輌と配置の36％という寂しさである。そのほか工場入替が5輌(18％)、一種休車・二種休車計13輌(46％)といった状況で、ほとんど現役ばなれを起こしていたといってよい。

1948(昭和23)年に多数配置があった区の1955(昭和30)年9月の状況は、新潟はC56＝1輌、8620＝1輌、C12＝3輌、秋田は8620＝5輌、直江津は9600＝3輌、C12＝3輌、新津は9600＝3輌、8620＝2輌、東新潟港はC12＝2輌とB6＝2輌を残していた。

他に山形では左沢線用のC11＝3輌、C12＝1輌、仙山線用の9600＝6輌のほかB6時代4輌いた入替専用はC12が僅か1輌となり、仙山線、左沢線用の機関車が入替も兼務していた。大館は小坂鉄道の受け渡しも含め、C11＝5輌が配置されていた。その他B6の配置が3輌以下の区は変遷を省略するが、代替の機関車はC11、C12、8620、9600が多かった。なかには柏崎支区のように、B6＝2輌から3輌に却って増強された所もある。

旧東鉄でもそうであったが、まだ適当な入替用のディーゼルスイッチャーの出現以前で、C12では力足らず、9600や8620では大きすぎる、C11はまだまだ本務機使用が多く、入替には回してもらえないということで、寿命の来たB6の代替には苦労していたようである。

旧仙台鉄道局

1948(昭和23)年現在、40輌のB6が在籍、すべて2120形式であった。この40輌という数字は、旧東鉄、旧新鉄に比較してむしろ少ない数字で、もともと配置が少なかったのか、淘汰が進んでいたのか判然としないが、古典客車が多数存在していた旧仙鉄管内としては奇異にも感じる。

配置のもっとも多かったのは郡山で、東北本線、磐越東線、磐越西線、水郡線のジャンクションであり、周辺に民間工場の専用線も多く、9輌もの配置があった。1955(昭和30)年現在では9600に変化している。

仙台は当時6輌ものB6の配置があったが、筆者が初めて在住した1950(昭和25)年には仙台駅の貨客分離で入替は減り、C11が塩釜線の営業用と仙台駅の入替を担当していた。福島第一機関区は、1952(昭和27)年でもまだ2120形式を入替に使用していたが、1955(昭和30)年にはC12と9600に変化している。

旧仙鉄管内では機関車事情は比較的よく、仙台鉄道管理局管内では1955(昭和30)年現在、B6の配置は郡山工場の運転用外使用を除き皆無である。盛岡鉄道管理局管内全7輌のうち、黒沢尻(現北上)区で2輌(2238、2263)が入替に従事していただけで、盛岡工場入替に2218、2223が存在し、二枚橋工場に2126が在籍、あとは廃車前提の2休車(一ノ関＝2216、青森＝2329)で

33

国有鉄道2120。2120はB6のトップナンバー、神戸工場製。福島で休車中であったが、郡山工場の入替機に生まれ変わる。当時満鉄帰りの大場機関車課長の配慮とか聞いた。前照灯は低位置になり、鐘を装備し、もともと太めの煙突も正面から見ればB6離れしている。雪中を走り回っていた。廃車は'58.11.20。〔表10には仙鉄局の'55.8現在B6の配置がゼロになっているが、これは注1)に示した原本の「運転用外使用車」の記載漏れである〕

'55.2.5 郡山工場　P：瀬古龍雄

郡山工場で撮影した国有鉄道2223。キャブが低屋根の、盛岡工場入替専用車を収容してあった。メインロッドは外してあったが、状態は悪くなく、いつでも火を入れれば走り出しそうな様子であった。盛岡工場に籍を置いたまま、'58.11.20付で廃車になる。撮影時から2年9ヵ月も後なので、その後復活したのであろうか？

'56.2.5 郡山工場　P：瀬古龍雄

国有鉄道2370。このときの工場訪問で日東紡に譲渡決定と聞いたが、あるいは福島工場か富久山工場に譲渡されたかもしれない。筆者は未調査のままである。'55.7.20で廃車、処置は解体とあったが、7ヵ月後でも解体はされていなかった。よくまとまった標準的スタイルの2120形式である。
'56.2.5 郡山工場　P：瀬古龍雄

国有鉄道2384。水戸機関区の2344とともに水戸局では命の長かったB6である。旧北海道鉄道の買収車で作業局1017→北海道鉄道24→国有化の経歴を持っている。砂箱は前1個と原型で非常に珍しい。昭和31年のこの頃から実用化したクルクルパー（回転式火の粉止め）を付け始めた。'57.2.1廃車。
'56.3.10　原ノ町機関区　P：石川一造

あった。

旧名古屋鉄道局

名古屋管内は同じＢ６でもドイツ製の2400の配置が多いという大きな特徴があった。しかし1948(昭和23)年現在、名鉄局全体では2400形式＝55輌、2120形式＝28輌と、2120形式の輌数もあなどれない数字であった。2400形式の配置がもっとも多かったのは名古屋(13輌)、次いで高岡(6輌)、木曽福島・富山(各5輌)、大垣・美濃太田・塩尻(4輌)などの順であった。

いっぽう2120形式は金沢(7輌)、甲府(5輌)、敦賀・木曽福島(各4輌)などの順であった。また木曽福島・美濃太田・敦賀・七尾・清水(支)は2400形式と2120形式の双方を保有していた。

1955(昭和30)年の配置では、2400形式を大量に保有していた旧名鉄局のうち、名古屋鉄道管理局管内の名古屋区は1種休車の2輌(2471、2472)のみとなり、中津川区も2輌(2135、2324)の1種休車、あとは2449が稲沢機関区の集中検査の入替用に残っていただけである。

1955(昭和30)年、金沢鉄道管理局では高岡に5輌(2424、2436、2461、2462、2465)が入替用に健在(他に一種休車1輌＝ラストナンバーの2474)、七尾区には2410、2432が健在、2409、2450が一種休車で在籍していた。七尾の機関車は現役・休車ともピカピカに磨かれ、大変美しかったことをはっきり記憶している。このほか新鉄局から移管された糸魚川区には、2303、2437の一種休車のＢ６が休んでいた。

静岡鉄道管理局管内では、1955(昭和30)年現在で、東鉄局から移管された沼津区で2181が健在、2194、2217、2271、2286が一種休車、静岡区では2422が健在、2211、2415が一種休車、浜松区では2438が健在で、2401が一種休車、豊橋区は2420、2454が一種休車で存在した。浜松工場では2418、2473が運転用外使用車として入替に従事していた。

13輌という大量の2400形式を保有していた名古屋区は1955(昭和30)年にはC11に置き変わっている。次に保有していた高岡区は若干輌数を減らしたが健在、木曽福島区は長野鉄道管理局に移管され、1955(昭和30)年には2292が健在、2149が一休車として存在した。木曽福島区は材木等の輸送が激減、入替機関車の必要もなくなり、2292の他、C12198が存在したにすぎない。

2120形式をもっていた甲府区は機構改正で旧名鉄から分離し、東京鉄道管理局に所属したものである。1955(昭和30)年になっても2308、2321、2326の3輌が入替に残っていた。

甲府機関区も所属が名古屋局→東京局と揺れ動いた。そのためかどうかは分からないが、東京管内で首都圏を除けば、2120形式の配置が最後まで残った機関区である。2308はもと名鉄局内のＢ６で、美濃太田に配置されていたことがある。特に変わった外観はしていない。'56.7.1廃車。
'53.3.23　甲府機関区　Ｐ：石川一造

国有鉄道2410。七尾機関区の機関車はC56も入替の2400形式も実に綺麗に手入れがしてあった。この2410はシュバルツコッフ（ベルリナー）1904年、製番3303の入った銘板を持っていた。七尾の入替は七尾港も守備範囲で広く、常に2輌は煙を吐いていた記憶がある。2410はその後名古屋に転じ、'57.8.10廃車。
'55.11.5　七尾機関区　P：瀬古龍雄

国有鉄道2461。当時金沢管内の機関車はみな美しく、高岡も例外ではなかった。この2461は2400形式としてはラストナンバーに近く、ヘンシェルウントゾーン1905年、製番7310の銘板も付いていた。2410と2461を比べて区別点はなく、構造的には同じように見えた。'57.9.30に廃車。2410、2461とも に前照灯を装備。
'55.11.3　高岡機関区　P：瀬古龍雄

国有鉄道2355。この膨大な転車台回りの線路の数は驚くばかりである。梅小路機関区は、集中六検(丙修)を行なっていた機関区なので、2355は無火機関車の入替に必要な機関車であった。　P：鉄道博物館所蔵

国有鉄道2169。関西のＢ６の動静のうち、2169は'48.9には福知山機関区の入替に使用されており、この写真は鷹取工場全検入場時のものか、鷹取工場の所属になってからか明確でない。とにかく'59.3.20廃車であるから、傷んでいるようにもみえるが、まだまだ使用可能の状態であった。

'52.8.23　鷹取工場　Ｐ：石川一造

旧大阪鉄道局

旧大鉄局の戦後の配置輛数は少なく、1948（昭和23）年9月現在では11輛にしかすぎず、しかも吹田工場2輛、鷹取工場2輛、後藤工場1輛と半数近くが運転外使用車であった。本格的な入替使用は福知山機関区（4輛）と豊岡機関区（2輛）のみであり、1955（昭和30）年の東京付近を除く東日本地区の使い方のようであった。

1955（昭和30）年8月時点で、福知山区ではＢ６の使用はなく、Ｃ10＝2輛、Ｃ11＝3輛がその任にあたっていた。豊岡区は8600やＢ50＝1輛が入替を担当していた。

■表9．戦後昭和23年までの廃車

日　付	2120	2400	2500	2700・2900
S21-11		２４５５（名）大垣		
S22-1-14	２３７４（東）水戸			
S22-3	２１２９（仙）郡山			２７１７（札）苫小牧
S22-4-31	２２８０（新）山形 ２３５３（新）酒田 ２２５８（新）秋田 ２１５０（新）横手 ２２０４（新）新潟 ２３６２（新）新津			
S23-1-29	２１４２（名）敦賀 ２２８５（名）金沢 ２２１２（仙）盛岡 ２２３２（仙）釜石 ２１７６（仙）原ノ町 ２２１９（札）苗穂 ２３６４（札）深川 ２２３４（札）富良野	２４００（名）名古屋 ２４１２（名）高山	２５４１（東）水戸 ２６３０（東）品川 ２６５１（札）？	２７１９（東）？ ２９１６（門）東小倉 ２７１０（仙）青森
S23-10-5	２１４６（札）富良野	２４４８（名）美濃太田		

残存のＢ６は大阪鉄道管理局では梅小路(2355)と吹田(2307)に各1輌が6か月検査の入替用、米子鉄道管理局後藤工場の入替用に2239と2290の2輌が残っていた。このうち2239は東鉄の品川から転属してきたものである。またこの時点で2220が岡山区に存在しているが、このＢ６は1948(昭和23)年現在では東鉄の沼津区に在籍していた。

旧札幌鉄道局

札幌鉄道局では1948(昭和23)年9月現在で、2120形式12輌、2500形式11輌を保有していた。入替の使用としては、2120が留萠(2365、2379、2380、2381)、苗穂(2241、2252、2382)、深川(2183、2356)、池田(2246、2378)、富良野(2146)という陣容であった。旧北海道鉄道(18～22)、鉄道作業局から北海道鉄道に譲渡(23～27)された2378～2387の10輌のうち2378、2379、2380、2381、2382、2383の6輌が健在であった。道産子Ｂ６は北海道から移動することなく、活動していた。

いっぽう2500形式は池田(2618、2650、2660)、名寄(2622、2623、2653)、帯広(2603、2661)、長万部(2646、2657)が営業用の入替に従事し、苗穂工場には2620が運転用外使用車輌として、入替に使用されていた。2500形式はすべて2600代の後期のもので、軍用として南満洲派遣の経験の無いものであった。また北海道には2500を改造した2700も配置されていた。

1955(昭和30)年の配置表ではＢ６はすべて淘汰され在籍0となっている。新鉄局新津から昭和30年4月27日付けで旭川局に転属になった2141が、その他として配置表にのっているが、どこかの私鉄、専用鉄道、専用線のいずれかに譲渡予定で記載されていたのかも知れない。

北海道のこれらＢ６は、1955(昭和30)年には、9600やＣ11に置き換えられたところが多い。

暖房車マヌ34への改造

暖房車改造については総論でも若干の解説を行ったが、連合軍の命令もあり、製作は大変であった。種車はすべて2120形式で1949(昭和24)年に浜松工場でマヌ34 1～7の7輌、翌1950(昭和25)年に郡山工場でマヌ34 8～29の22輌を完成した。

物資欠乏時とあって、製作の材料はほとんど古ものの寄せ集め、ボイラーは2120のもの、台枠は戦争中石炭などの大増送で製作された3軸貨車トキ900からの寄せ集め、台車は客車の鋼体化改造で余剰になったTR11台車改造でTR44を製作、鋼製の車体のみが新製であった。

このマヌ34は1969(昭和44)年から廃車が始まり、1971(昭和46)年度中には全車廃車された。それでも20年以上にわたって、Ｂ６のボイラーは最後の活躍を遂げたことになる。

国有鉄道2434。2434は'48.9には名鉄局塩尻機関支区の所属であったが、その後札幌工事区に転じ、'63.8.5国鉄最後のＢ６として寿命を終わった。私鉄・専用鉄道・専用線にはまだまだ働くＢ６はいたが、2411が最後に廃車となって以来、2400と縁の無かった北海道が、国鉄機の終焉を2400で飾ることになったわけである。後ろの230形式255も工事区の所属であった。
'63.8　苗穂工場　Ｐ：中西進一郎

▲2軸車から2軸ボギー車まで、国鉄の暖房車にはいくつかの形式があったが、昭和24年・25年に国鉄浜松工場と郡山工場で計29輌が作られたマヌ34形は最も大型の形式となった。ボイラーは2120形の状態の良いものを用い、台枠、ブレーキ装置その他はトキ900形の廃車発生品から、台車は木造客車鋼体化で発生したTR11を短軸に改造したTR44としたものを履いた。車体は新製である。写真のマヌ34 5はノースブリティシュ1905年製の2330号機のボイラーを搭載している。　'67.9.8　甲府機関区　P：笹本健次

◀製造当初は東海道筋で活躍した本形式は、昭和40年頃より甲府機関区(中央線用)と米原客貨車区(北陸線用)に集中配置された。写真はEF13牽引の中央線客車列車に連結されたマヌ34形。　'69.12.21　長坂駅　P：笹本健次

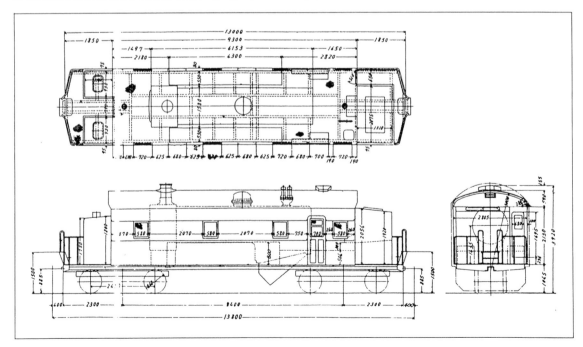

B6の終えん

改造B6の2700は1952(昭和27)年には全機廃車され、2900も施設局(各工事事務所)に配置された2906、2907、2908を残すのみであった。信濃川工事局に所属し、特に国鉄小千谷発電所専用線で1956(昭和31)年まで使用された2907の洗練されたスタイルは忘れられない。また同じ信濃川工事局に所属し千手発電所の専用線で使用された2122は1960(昭和35)年8月30日まで在籍した。

1961(昭和36)年4月1日現在の配置表(鉄道図書刊行会刊)で、B6の国鉄在籍の残存車は、札幌工事局に2434、岐阜工事局に2272、2455、2458の3輌、大阪工事局に2227の1輌、計2120形式2輌、2400形式3輌の計5輌を残すのみとなっている。最後の廃車は札幌工事局所属の2434であり、日付は1963(昭和38)年8月5日となっている。なお岐阜工事局所属となっている2455は筆者のノートでは1946(昭和21)年11月に廃車処分を受けており、その後復活か、他機関車の誤りと考えられる。

保存車輌

B6の保存車輌は総輌数の割には比較的少ない。いわゆるSLブームで、機関車の保存熱が高まる前に廃車解体された機関車が多いのが原因であろう。以下現存保存機関車について解説する。

2109　西濃鉄道で1966(昭和41)年5月に廃車になり、放置されていたものを1970(昭和45)年大井川鉄道で引取り、整備して1975(昭和50)年まで運転していた。その後しばらく休車。1993(平成5)年、再整備して動態とした。その年の9月に埼玉県の、日本工業大学の工業技術博物館に保存されることになった。

2221　新鉄局東能代区の所属だったが、その後札幌工事局に転じていたものを国鉄100年記念に青梅鉄道公園が開設されたのを機に静態保存された。

2272　1948(昭和23)年には東鉄の田端に属していたが、その後岐阜工事局で1961(昭和36)年7月に廃車になっている。JR西日本金沢支社松任工場に比較的良好な状態で保存されている。

2412　1948(昭和23)年名古屋鉄道局高山機関区で廃車、石原産業への入線は1953(昭和28)年、1966(昭和41)年には長野工場で全検も受け大活躍していたが、1968(昭和43)年に廃車。同年名古屋市科学館に展示され現在に至っている。

なお以上のほかに北海道江別市野幌駅近くの倉庫に、旧三美運輸の2248・2649の2輌が格納されているが全く非公開である。文化財的意義をも考えて一日も早い公開を望みたい。

しかし2100、2120、2400、2500の当初のB6全形式に保存機があることは、喜ばしいことである。

国有鉄道信濃川工事事務所(当時)2907。むしろ改造前よりも均整が取れたスタイルであり、1C1の軸配置は前進後退も自由、また軸重も軽くなり、スチーブンソン式弁装置も縦型になり、B6の構造上の欠点も克服されたはずなのに、多くの僚機は何故か短命であった。その中でこの2907は1956年まで生きたことは嬉しいことであった。　　　　　　　　　　　　　　　'53.11.8　小千谷発電所専用線　P：瀬古龍雄

国有鉄道信濃川工事事務所(当時)2907。真横からの姿である。当時小千谷発電所の専用線は1954年までの第3期工事が行なわれており、続けて第4期工事が行なわれたが、トラックの利用で鉄道利用は減少した。信濃川を渡る橋梁は撤去されて現在は見られない。信濃川工事事務所には過去に2908も存在し、1946年の弥彦線復活工事に使用。　　　　　　　　　　　　　　　　　　　　　　　　　'53.11.8　小千谷発電所専用線　P：瀬古龍雄

国有鉄道信濃川工事事務所(当時)2227。このB6は'56.2には田端機関区で休車になっていた。2907の廃車で後継機として信濃川入りをした模様。小千谷発電所工事は既に第4期に入っており大きな仕事はなかった。この写真は検査で長岡第一機関区にいたときに撮影。その後岡山工事区に移り、'61.7.2に廃車になる。国鉄では長生きした方。　　　　　　　　　　　　　　　　　　　　　　　　　　　　　　'56.6.3　長岡第一機関区　P：瀬古龍雄

■表10. 昭和30年8月1日　B6全国配置表

局　名	機関区名	運　転　用	一種休車	二種休車
旭　川	—	その他2141（30.4.27 新津から）		
盛　岡	一ノ関 黒沢尻 青　森	2238, 2263		2216 2329
	盛岡工場 二枚橋工場	2218, 2223（運転用以外使用車） 2126（運転用以外使用車）		
秋　田	山　形 新　庄 横　手 秋　田 東能代	2354, 2369 2244, 2376		2255 2203, 2348 2124, 2161, 2266 2215
新　潟	直江津 長岡第一 柏崎支区 新　潟 東新潟港(支)	2133, 2147, 2154 2156, 2296	2339 2166 2164, 2178	
	新津工場	2233（運転用以外使用車）		
高　崎	高　崎 軽井沢		2182, 2193, 2197, 2358 2281, 2368	
水　戸	水　戸 原ノ町	2229, 2297, 2305, 2344 2270	2187 2384	
千　葉	新小岩工場	2131（運転用以外使用車）		
東　京	品　川 飯田町 浜川崎 田　端 甲　府	2121, 2136, 2137, 2140, 2173, 2201, 2224, 2267, 2291, 2309、2319, 2322, 2357 2159, 2186, 2294, 2335, 2342 2122, 2165, 2226, 2227, 2312, 2313, 2387 2308, 2321, 2326	2125, 2145 2359, 2314 2349 2222, 2334, 2385, 2386	
	大宮工場 大井工場 大船工場	2157, 2175, 2205, 2269（運転用以外使用車） 2155, 2172, 2325（運転用以外使用車） 2257, 2328, 2341（運転用以外使用車）		
長　野	木曽福島 松　本	2292	2149 2435	
	長野工場	2213, 2231, 2332, 2345（運転用以外使用車）		
静　岡	沼　津 静　岡 浜　松 豊　橋	2181 2422 2438	2194, 2217, 2271, 2286 2211, 2415 2401 2420, 2454	
	浜松工場	2418, 2473		
名古屋	名古屋 中津川 稲沢第一	2449（運転用以外使用車）（集検用）	2471, 2472 2135, 2324	
金　沢	高　岡 糸魚川 七　尾	2424, 2436, 2461, 2462, 2465 2410, 2432	2474 2303, 2437 2409, 2450	
大　阪	梅小路 吹　田	2355（運転用以外使用車）（丙修用） 2307（運転用以外使用車）（丙修用）		
米　子	後藤工場	2239、2290（運転用以外使用車）		
岡　山	岡　山	2220（運転用以外使用車）（入替用）		

注：1)鉄道図書刊行会『国鉄機関車配置表』昭和30年8月1日現在による
　　2)上記のほかに工事局所属の機関車があるが（例えば2907＝昭和31年廃車）、この配置表には記載がない。
　　3)仙台局は郡山工場など運転用以外使用車が脱落している（例：2120）。

45

国有鉄道2121。品川機関区では長命だったB6で'58.12.25の廃車である。1956年から採用した、俗にクルクルパーといわれた火の粉止めを装備している。神戸工場製2号機の傍らで花火見物もおつなもの。
P：鉄道博物館所蔵

スタイルから見たＢ６の異なり

　残念ながら筆者は故臼井茂信氏や故金田茂裕氏のように工学出身でないので、構造的な変異の解説は不可能に近い。しかし構造的なことは両氏の著書にすでに発表されていることが多い。そこで筆者は趣味的に見た外観的な構造について、Ｂ６の変異を解説したい。

煙突

　明治・大正時代の写真を見ると、総てのＢ６に立派なキャップが付いている。明治に入ってからは、次第に筒型の煙突に取り替えられるが、故高田隆雄氏の写真に2457と2707にキャップの付いた写真があり、2507の写真はキャップが付いていない。飾りなどはどうでも良いという時代に次第になってきたようだ。

　煙突の形状としては2120（34頁）がかなり上部が太くなっておりＢ６のように見えないが、他は多少の長短はあるもののほとんど同形である。

　また付属品としての火の粉止めは、戦後低質炭使用の影響もあり、火の粉による火災がやかましい問題となり、各地で装着が始まった。金網を帽子状にかぶせたものが大部分であった。東鉄では煙突の上部を漏斗状にし、中に火の粉止めを装着した機関車も数多く見られた。21頁上の2341、23頁上の2227、49頁の水戸機関区の2187、2229がこれに相当する。水戸の方はかなり後期まで装着していたが、東京付近は金網の火の粉止めになり、後に回転式に変わる。

運転室（キャブ）の屋根の高さと幅

　当初のイギリスの設計によるものか、運転室の屋根はかなり低いものであった。それが恐らく、昭和初期と考えられるが、やや高く改造されている。改造の目的は運転室の居住性の改良と、運転性能の向上と考えられるが、室内がどう変わったかは調査していない。

　しかし全機改造というわけでなく、低い屋根のまま残ったものも少なくない。低屋根と高屋根の比較は、50～51頁の2170と2315の比較で一目瞭然である。改造は正面窓の位置はそのまま、その上をかさ上げしているので、撮影された写真の角度で容易に判定できる。

　49頁の2208、2170、2147、14～15頁の2105（後に高屋根に改造）、27頁の2166、下巻に掲載の東武26などは未改造の例である。首都圏で未改造はほとんど無く、新潟地区に多かったのはどういうわけであろうか。

　また筆者の写真の中で、26頁に掲載した2164と2296は一部の運転室の幅を広げた変リ種である。運転性や居住性を高めるための改造と考えられるが、明確ではない。

砂箱（サンドボックス）

　設計の原形は本書8頁下、9頁下の煙突とスチームドームの中間にあった。この姿を残しているのは、筆者の知る限リ、原ノ町機関区の2384の1輌（35頁および48頁）のみである。故臼井氏が1938年に沼津で写された写真があるが、やはリ砂箱の位置は原形である。軸重の関係より砂のスムーズな落下を考えてか、砂箱はまず後部に移された。その後、この砂箱後部型が大部分である。

　また後部の砂箱1個型でも、オリジナルタイプでなく、ピーコックタイプ（お碗型の蓋を持つ筒型）のものに2178（30～31頁）がある。

　次に砂箱前後2個タイプであるが、かなり古くから採用されたようで、9頁の作業局1015（後の2298）などは最も古い記録である。また2500形式は特に後の番号の

国有鉄道2384。石川氏の撮影（35頁）より僅か1ヵ月前だが、この間に回転式火の粉止め（クルクルパー）が装着されたことが分かる。珍しい砂箱位置原形のＢ６として再掲した。
'56.2.2　原ノ町機関区　Ｐ：瀬古龍雄

国有鉄道2229。右の2187同様、漏斗型煙突内蔵の火の粉止め、2個の砂箱の装備を持つが後部はピーコック型。美しい機関車で、これも南満還送の1輌。ノースブリティシュ1905年製。廃車は'56.7.1。
'56.2.2　水戸機関区　P：瀬古龍雄

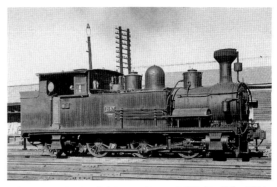

国有鉄道2187。漏斗型煙突内蔵の火の粉止め、標準型2個の砂箱の装備を持つ。美しかった水戸の2120形式のなかでもよく磨かれていた。南満還送の1輌。ノースブリティシュ1903年製。廃車は'56.7.1。
'56.2.2　水戸機関区　P：瀬古龍雄

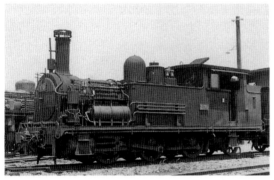

国有鉄道2170。休車時の撮影だが、その後火が入った。低屋根のB6は非常に古典的に見える。サイドタンクにリベットが見えないすっきりした外観。ノースブリティシュ1905年製。廃車は'55.2.26。
'54.6.13　新潟機関区　P：瀬古龍雄

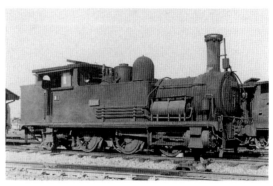

国有鉄道2208。本機も撮影時にはまだ火が入っていた。非常に古典的に見える低屋根、しかもサイドタンクにリベットが見えないすっきりした外観である。ノースブリティシュ1905年製。廃車は'55.2.26。
'53.10.18　新潟機関区　P：瀬古龍雄

国有鉄道2147。低屋根の端正なスタイルであった。柏崎支区には長く在籍し石油タンク車などの入換にあたっていた。ダブス1898年製、製番3640の銘板を残していた。廃車は'56.11.20。
'56.4.29　柏崎支区　P：瀬古龍雄

ものなど当初から2個タイプではなかったろうか。恐らく勾配線用は各動輪に砂の供給をスムーズにするためには、軸重の増加を省みず2個整備にしたものであろう。日露戦争の南満州安奉線の写真で、すでに砂箱2個整備のB6の写真を見ている。

　しかしこの2個の形状も複雑で、作業局1015(9頁)、2164(26頁)、2166(27頁)、2187(49頁)、2221(29頁)、2907(43頁、44頁)(以上本書掲載)、2163、2221、2231、2245、2266、2347(以上筆者確認)、及び2500形式の大部分はB6オリジナルタイプの2個タイプ。また後部砂箱がピーコックタイプ(お碗型の蓋を持つ筒型)のものは東武26(下巻に掲載)、2192、2199、2233、2296、2372(以上筆者確認)である。また前部が丸型のものに2156、2169(以上本書掲載)がある。また、これは砂箱ではなくスチームドームのことだが、土崎工場で見た神戸工場製の2124(28頁)は上部の丸みが少ない円筒型という変わったタイプであった。

煙室前板

　煙室戸前板の下部のヒンジの末広がりの装飾は、設計では総てのB6に付くはずであったが、ノースブリ

ティシュのハイドパーク工場製のものは、始めから省略されていた(故白井氏)。○型の銘板を持ち、2120形式中105輌(他に台湾1輌)を数えていた。青梅鉄道公園に保存されている2221(29頁)はハイドパーク工場製であり、始めからこの飾リはない。この飾リは最後まできちんとついていたものもあるが、脱落しているものも少なくない。
[参考]ハイドパーク工場製2120形式
2217〜2234、2235〜2263、2283〜2325、2366、2367、2383〜2387、鉄道作業局759→台湾総督府鉄道83

国有鉄道2170と2315。背中併せでB6が2輌休車していた。よく見ると2170が原型の低い屋根、2315は改造後の高い屋根であった。2170は'55.2.26廃車でラサ工業(宮古)に譲渡。2315も1955年度中に廃車となっている。　'54.5.16　新潟機関区　P：瀬古龍雄

編集部からB6の原稿依頼を受けた時、果して書けるかと一瞬ためらった。というのは、B6研究の諸先輩方が近年相次いで亡くなったからである。臼井茂信さん、金田茂裕さん、寺島京一さんの訃報に接したのはそう遠い日ではない。また、川上幸義さん、西尾克三郎さん、今村 潔さんも亡くなられている。

　以前は訳のわからないことが出てくると、臼井さんや寺島さんには、気軽に電話がかけられる間だったので、そう苦労しないで筆を進めることができた。

　私鉄・専用鉄道・専用線については、ある程度オリジナルの調査をしていたが、国鉄編は特に明治・大正には極めて弱い状態であった。ところが研究家が故人になられると文献に頼らざるを得ない。今執筆(ワープロ打ち)している机の周囲は、参考図書、雑誌の山で、もう何日も掃除をしていない。有リ難いことに諸先輩の文献は実に精緻で正確である。おかげで国鉄編は何とかものにすることができた。

　筆者も昭和29年から31年にかけて、B6が次々に休・廃車になるのが我慢できず、地域は限られているものの100枚に近いB6の写真を撮りまくることができた。その写真をベースに、石川一造、小寺康正、笹本健次、中西進一郎、三谷烈弍の各氏の写真、また交通博物館提供の写真でようやく刊行に漕ぎ付けた。しかし国鉄時代の2500形式の写真を載せられなかったことは残念である。このほか、引用した文献とその著者には深く感謝申し上げるが、具体的な書名と著者名は下巻(私鉄・専用鉄道・専用線編)の末尾に記入して感謝申し上げる予定である。

瀬古龍雄(鉄道友の会　参与)

国有鉄道B6、田端機関区2120の休車群。25頁に掲載した石川一造氏の写真とは逆方向から撮影。手前より1輌目の2386、5輌目の2387の北海道出身機のサイドタンクに空気管が見えないのがすっきりしている。この光景はB6の時代は終わったとの感を深くするものだ。
'56.2.1　田端機関区　P：瀬古龍雄

鶴首のようにもたげた前照灯が印象的な三美運輸1号機。国鉄では最も疎まれた2500形が現役最後のB6となったのは何とも皮肉であった。
1972.4.3　P：名取紀之

はじめに

　Ｂ６は全部で534輛も製造された。この中の1輛、ボールドウイン1907年製・No.32662は、柴田文助なる人物を経て、後年台湾総督府入りしたことが確実だと推定されている（金田茂裕氏による）。この1輛を除けば533輛のＢ６のうち、私鉄・専用鉄道・専用線に譲渡された機関車は、台湾総督府を含め確認したもので52輛にすぎない。

　総数僅か21輛ではあるが、1413号ただ1輛を残して全てが私鉄・専用鉄道・専用線に譲渡された九州鉄道買収の1400形式と比較すると、率としては大きな違いである。重量約50トン、軸重13.5トンのＢ６と、重量約35トン、軸重約12トン程度の1400とを比較すれば、中小私鉄・専用鉄道・専用線での使い易さの差は明らかである。

　しかし牽引力となるとＢ６に軍配が上がるのは、当然である。戦前の譲渡は、"牽引力"を期待した線区が大部分であった。鉱石輸送、石灰石輸送、石炭輸送、そしてセメント輸送など、Ｂ６が入線して大きな力となった線区が多かった。とは言え、軸重が14トンもあり、国鉄内部ではもっとも嫌われたというアメリカ製の2500形式が戦前の譲渡車輛25輛中16輛を占め（台湾総督府6輛、2916も含む）、2120形式は僅か4輛であった。このことは、当時の「お役所」鉄道省としては、性能の悪い機関車を民間払い下げで淘汰したいという考え方があったことによるものであろう。しかも受け入れ

側の民営鉄道でも、どこまでB6を理解していたか疑問に残る。

　戦後はB6という機関車が国鉄で余っていたから譲渡を受けたものの、軸重が大きいため線路に与える影響が大き過ぎて、いささか持て余し気味の鉄道も少なくなかった。ラサ工業のようにB10、B6、C10と、軸重の大きい機関車を3代にわたって使いこなした専用線はむしろ例外といえよう。

　台湾総督府を含め譲渡車が50輌というのは絶対確実な数字ではない。本書掲載の表のほかにもB6が譲渡された鉄道は存在したと考えられる。

　日東紡績では郡山付近の富久山工場に625（600形式）、福島工場には961（900形式）が在籍しており、いずれもかなり老朽化していた。1956（昭和31）年2月5日、筆者が郡山工場を訪問した際、構内に留置してあった2370（1955／昭和30年7月2日廃車）はその後間もなく日東紡績富久山工場に1956（昭和31）年に譲渡された。

　また2361（新潟局内で1953／昭和28年12月23日廃車）も、長野工場で昭和電工へ譲渡と聞いたが、同社の塩尻、大町両工場とも該当せず、動静は不明である。筆者確認の52輌以外で動静を確認されている方は、ぜひその他の譲渡機としてご報告をいただきたい。

西濃鉄道 2105。蒸機運転時代の西濃鉄道は自社貨車を多数保有し、石灰石や石灰製品、そして肥料などを輸送していた。無蓋のト2輌の後ろに本命の生石灰輸送のテムが連結されている。　　　　P：小寺康正

■表1．B6(形式2100,2120,2400,2500,2700,2900)の歴年譲渡明細

①戦前の譲渡機

譲渡年代順(鉄道院形式番号制定後)

年次(年号)	機関車番号	譲　渡　先	番号	記　　　　事	用途廃止年
1909(明治42)	2521	台湾総督府	85	配置については上巻(国鉄編)表7参照	戦後まで使用
1909(明治42)	2525	〃	86	〃	〃
1909(明治42)	2526	〃	87	〃	〃
1910(明治43)	2539	〃	88	〃	〃
1910(明治43)	2534	〃	89	〃	〃
1910(明治43)	2548	〃	90	〃	〃
1911(明治44)	2560	〃	92	〃	〃
1911(明治44)	2561	〃	93	〃	〃
1911(明治44)	2562	〃	94	〃	〃
1926(大正15)	2613	夕張鉄道	6	晩年は鹿ノ谷駅構内セキ車入替	1964(昭和39)
1928(昭和3)	2106	東武鉄道	26	晩年は杉戸機関区入替	1959(昭和34)
1929(昭和4)	2532	五日市鉄道	5	セメント列車・臨客等牽引→1940南武5→1944国鉄	1950(昭和25)
1929(昭和4)	2111	常総鉄道	10	主として貨物列車牽引	1951(昭和26)
1930(昭和5)	2102	常総鉄道	11	主として貨物列車牽引	1951(昭和26)
1930(昭和5)	2105	西濃鉄道	2105	貨物列車牽引	1964(昭和39)
1930(昭和5)	2109	〃	2109	貨物列車牽引→1970大井川鉄道→1993日本工業大学	動態保存中
1933(昭和8)	2278	三岐鉄道	2278	石灰石・セメント輸送	1953(昭和28)
1934(昭和9)	2520	松尾鉱業	2501	硫黄鉱石輸送、後に屋敷台駅入替、弘前電鉄建設	1951年以降
1934(昭和9)	2636	〃	2502	硫黄鉱石輸送、後に屋敷台駅入替	1951(昭和26)
1934(昭和9)	2522	〃	2503	硫黄鉱石輸送、後に屋敷台駅入替	1951(昭和26)
1934(昭和9)	2916	小倉鉄道	2916	石灰石輸送、1943再買収、東小倉機関区所属	1948(昭和23)
1935(昭和10)	2518	松尾鉱業	2504	硫黄鉱石輸送、後に屋敷台駅入替	1951(昭和26)
1935(昭和10)	2617	〃	2505	硫黄鉱石輸送、後に屋敷台駅入替	1951(昭和26)
1935(昭和10)	2649	明治製糖士別	2649	製糖原料(ビート等)輸送、→1967三美運輸[2]1	1973(昭和48)
1935(昭和10)	2654	樺太製糖豊原	—	動静不明	不明

②戦後の譲渡機

年次(年号)	機関車番号	譲　渡　先	番号	記　　　　事	用途廃止年
1948(昭和23)	2374	茨城交通	[2]5→16	1942年借入入線　茨城線(木材輸送)→1951湊線	1958(昭和33)
1948(昭和23)	2630	茨城交通	17	実際は2541か？　1951→小名浜臨港C507	1959(昭和34)
1949(昭和24)	2128	日本電興小国	2128	東武鉄道1号機の使用後に入線(現東芝セラミックス)	1958(昭和33)
1949(昭和24)	2650	三菱上芦別	2650	1954入線、所有油谷砿業、屋根付きで有名	1964(昭和39)
1949(昭和24)	2304	三菱油戸炭砿	1	羽越本線羽前大山駅から分岐→北菱産業2→志村加工	1957(昭和32)
1950(昭和25)	2287	三菱油戸炭砿	2	〃　　　　　　　　→北菱産業1→志村加工	解体は1968以降
1950(昭和25)	2273	岩手開発鉄道	2273	建設用、石灰石輸送、→1952東北電気製鉄和賀川	1957(昭和32)
1950(昭和25)	2288	東北肥料秋田	2288	羽越本線羽後牛島駅から分岐、肥料その他輸送	1964(昭和39)
1950(昭和25)	2153	東北肥料秋田	2153	〃	1964(昭和39)
1950(昭和25)	2196	雄別炭砿尺別	2196	石炭輸送に使用	1959(昭和34)
1950(昭和25)	2356	釧路臨港鉄道	10	春採駅構内入替	1964(昭和39)
1950(昭和25)	2411	雄別炭砿尺別	2411	石炭輸送に使用	1958(昭和33)
1950(昭和25)	2553	呉羽化学錦	2	常磐線勿来駅から分岐、駅—工場間輸送	1961(昭和36)
1950(昭和25)	2605	大日本セルロイド新井	2605	新井駅—工場間輸送、構内入替	1960(昭和35)
1950(昭和25)	2623	三井鉱山美唄	[1]1	入線1949石炭輸送に使用、社名→1962三美運輸	1967(昭和42)
1950(昭和25)	2719	雄別炭砿	234	→1953三井美唄3→北星炭砿(美流渡)2719	1960(昭和35)
1951(昭和26)	2381	釧路臨港鉄道	11	春採駅構内入替	1964(昭和39)
1951(昭和26)	2651	三井鉱山美唄	[1]2	入線1949？　石炭輸送に使用	1963(昭和38)
1951(昭和26)	2146	北炭幌内砿業所美流渡	2146	石炭輸送使用、社名→美流渡炭砿→北星炭砿	1966(昭和41)
1952(昭和27)	2653	十勝鉄道	2653	→1958日本甜菜製糖美幌製糖所2653	1960(昭和35)
1953(昭和28)	2412	石原産業四日市	2412	化成品輸送構内入替、1966長野工全検、1968名古屋市立科学館保存	
1954(昭和29)	2347	小坂鉄道	2347	花岡線貨物列車使用	1958(昭和33)
1955(昭和30)	2248	日本甜菜製糖士別製糖所	2248	→1963三美運輸[2]2	1973(昭和48)
1955(昭和30)	2170	ラサ工業宮古	2170	同社B10と交替、また同機の後はC108を使用	1962(昭和37)
1955(昭和30)	2256	小名浜臨港鉄道	C508	トキ15輌の列車牽引、小名浜のB6中、最も長命	1966(昭和41)
1957(昭和32)	2359	小名浜臨港鉄道	C509	トキ15輌の列車牽引	1963(昭和38)
1956(昭和31)	2370	日本紡績富久山	2370	郡山—日和田間から分岐(もと625使用)	不明

私鉄・専用鉄道・専用線譲渡機の性格

　私鉄・専用鉄道・専用線に譲渡されたB6は、その性能から貨物列車の牽引力を要求される鉄道に譲渡されたのが目立つ。しかし日露戦争後、満州の野戦鉄道提理部から清国を経て、素人のブローカーが介在して、芸備鉄道のような線路強度の弱い鉄道に譲渡された例もある。これは忽ち悲鳴をあげてより軸重の軽い機関車と交換させるを得なくなった例である。戦前は要求される牽引力を評価して譲渡された例が多いが、戦後の譲渡は必ずしもB6の性能を生かしての譲渡ばかりでなく、よく入線できたと驚くところもあった。さぞかし入線後の保線関係者の努力は大変であったろうと思われる。

　宮古にラサ工業という会社がある(現在肥料部門はコープケミカルという会社に合併している)。ここの入替は昭和20年代、B10なる古典機が活動していた。B10は形式5500からの改造で、機関車最大軸重は13.24トンもあり、タンク機関車としてかなり大きいほうであった。そこに2120形式2170が譲渡され、この軸重は13.51トンとかなり重いが、既に13.24トンの機関車を使用していたのでそう大きな負担にならなかった。2170の後、軸重が大きいと地方線区から敬遠されていたC108(12.93トン)が入線しても全く苦にならなかった。しかしラサ工業のような例は少なく、多くの中小私鉄・専用鉄道がB6を敬遠したのは事実で、これが国鉄存在数の割合に譲渡輌数を少なくしている。因に軸重13.51トンというのは、C57=13.96〜14.12、C58=13.52〜13.50とC58と同等、C57に近いものであった。

　譲渡の会社の所在地は、B6そのものの配置が東に偏っていただけに、西日本には少なく、東日本・北日本がほとんどであった。

無蓋車、鉄製有蓋車を従えて発車を待つ西濃鉄道の2109。本機はB6唯一の動態保存機として、109歳の長寿を誇る。 '61.7　乙女坂　P:園田正雄

釧路臨港鉄道　　(10←2356、11←2381)

　わが国でB6を譲渡された鉄道としては最も東端に所在する。また北海道で最後に残った、海底炭砿でもある太平洋炭砿の運炭部門を担っている鉄道である。もともと地方鉄道として旅客も営業していたが、1963(昭和38)年に廃止している。その後路線も縮小され、1986(昭和61)年には、春採－知人間のみの石炭貨物運転となった。

　2356は釧路局管内で1949(昭和24)年10月3日付で廃車されたものを、1950(昭和25)年12月に譲渡入線し、翌1951(昭和26)年6月19日譲受認可、同年8月1日より10号として使用を開始した。2381は苗穂工場で入替に使用されていたものが1950(昭和25)年10月に廃車、1951(昭和26)年12月24日付で譲受認可を受けた。11号としての使用開始は1952(昭和27)年になってからと考えられる。いずれも英ノースブリティシュ1905年製で、南満州には行っていない。10号、11号とももっぱら春採駅で石炭車の入替に従事し、木製3軸の名物セラ等を牽引していた。

　10号は1963(昭和38)年2月11日付で休車、1964(昭和39)年2月20日付で廃車、同年3月14日に廃車解体された。11号は1963(昭和38)年10月31日付で休車、10号と同じ日付で廃車・解体されている。

　2381は(旧初代)北海道鉄道の21号機関車として誕生したもので、生涯北海道を離れることはなかった。

釧路臨港鉄道10。わが国最後の炭砿となった太平洋炭砿の運輸部門として現在でも路線が一部健在である。B6としては最も働き甲斐のある職場のひとつ

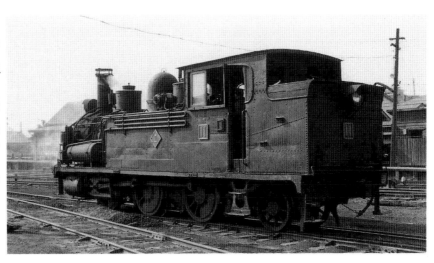

▶釧路臨港鉄道11。この機関車が休車指定となる前年の昭和37年撮影。本来は10号と同じノースブリティシュ製であるが、当初北海道鉄道(一次)21号機として誕生、終生北海道の地を離れない道産子機関車であった。10、11号とも、砂箱は標準タイプの2個装備である。
'62.7 春採
P：中西進一郎

'55.8.2 春採　P：石川一造

雄別鉄道　　　　(234←2719)

　雄別炭砿鉄道→雄別鉄道は、釧路と雄別炭山の間を運転していた地方鉄道で社名はかなり変転している。1970(昭和45)年4月16日、釧路－雄別炭山間は運輸営業廃止、新富士からの埠頭線は譲渡され「釧路開発埠頭」になった。

　2719は1948(昭和23)年1月29日東鉄局八王子区で廃車、1950(昭和25)年10月に雄別炭砿鉄道に234号として入線している。1951(昭和26)年5月7日付で譲受使用認可を受け、主として入替用に使用された。雄別での使用期間は短く、僅か2年たらずの1953(昭和28)年2月9日付で雄別としては用途廃止、三井美唄専用線に譲渡され3号機となった。その後1958(昭和33)年1月8日北星炭砿美流渡砿に譲渡され旧番号の2719に戻った。廃車は1967(昭和42)年以降である。

尺別鉄道　　　　(2411、2196)

　この鉄道の歴史は762mmの軽便鉄道時代までさかのぼり、1920(大正9)年に北日本鉱業の創設である。1928(昭和3)年12月17日雄別炭砿に譲渡され、1942(昭和17)年11月3日には1,067mmの専用鉄道となり、1962(昭和37)年1月1日地方鉄道として改組発足した。この鉄道の機関車史は複雑で興味も多いが、ここではB6に限定して解説する。

　2411は1905年、数少ないドイツ・シュバルツコッフ(ベルリーナ)社製で、石原産業2412と共に形式2400としても数少ない民間譲渡機である。1949(昭和24)年3月15日付で旧名鉄敦賀区で廃車、1950(昭和25)年6月23日付譲受認可、雄別炭砿鉄道のC1256の入線にともない、1958(昭和33)年5月20日付で廃車になった。

59

釧路臨港鉄道10、11。機関庫前に見事2輌が並んだ。キャブは10号が高屋根に改造、11号は原型。製造工場は異なるが同じイギリス製だ。手前の6号は昭和12年日本車輌製の47トン機。'62.7　春採　P：中西進一郎

釧路臨港鉄道10。手入れが良いのか実に綺麗な姿。とても休車1年前とは思えない。ノースブリティシュ製だが、工場はダブスの流れを汲むグラスゴウ製で、ナンバープレートも社紋も菱形の銘板も美しく磨かれている。

'62.7 春採 P：中西進一郎

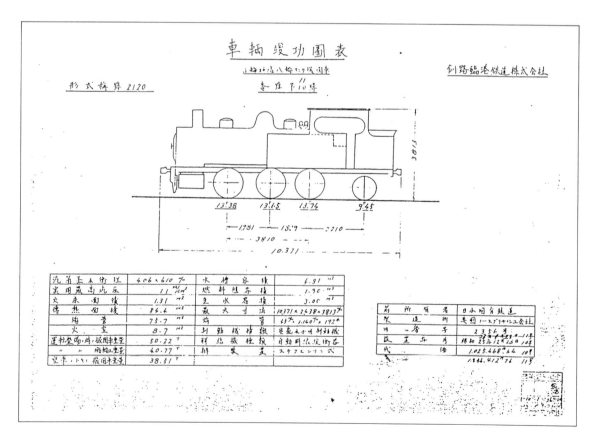

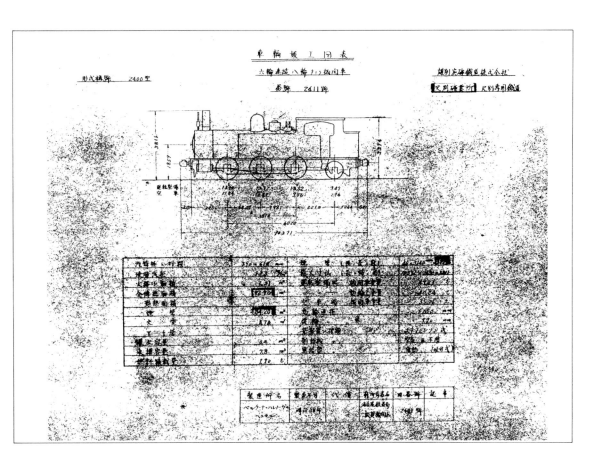

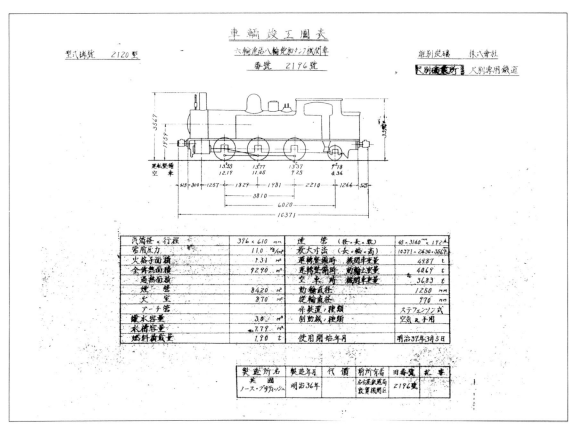

2196は1903年、イギリスのノースブリティシュ製、1950(昭和25)年6月29日金沢区で廃車、1952(昭和27)年4月23日譲受使用認可、国鉄から譲受のC1296の増備で1959(昭和34)年10月1日付で廃車になった。

尺別線に最初に入ったC12は土佐交通から直接入ったもので、雄別鉄道(本線)経由ではない。このころ筆者は尺別線の機関車担当者と文通があり、C12を探しているとのことで、土佐交通のC12001をお知らせしたが、これを契機に購入することになった。後にC12が増備され3輌になり、B6は淘汰されたが、牽引力などの性能より、運炭量がそれほど多くなかったことと、B6に比較して日常の整備が遥かに楽であったことがこのような結果になったものである。B6の研究家、故寺島京一さんから、半分冗談に「C12などを世話して簡単にB6を潰す基など作るのは困る」と言われたことを思い出す。

夕張鉄道 (6←2613)

夕張鉄道は、1926(大正15)年10月14日栗山－新夕張間を開業、1930(昭和5)年11月3日には野幌－栗山間を開通させて全通している。この開業の年に2613はわが国内のB6譲渡の第1号として、夕張鉄道入りをした。2613はアメリカのボールドウインで1905年に製作されたが、当初の目的であった日露戦争用には間に合わなかった。

北海道では札鉄局追分機関区で使用されていたものを夕張鉄道の開業直後、1926(大正15)年11月9日譲受認可、1927(昭和2)年2月12日竣功届けが出された。主として鹿ノ谷の入替に使用されていた。1964(昭和39)年5月6日用途廃止となり、解体処分を受けた。

夕張鉄道は1974(昭和49)年4月1日付で親会社の北海道炭砿汽船に経営が譲渡されたが、直後の1975(昭和50)年4月1日に鉄道線廃止となった。蒸気動力が主で石炭輸送がなくなれば当然廃止ということだろうが、せめて栗山－野幌間が旅客鉄道として生きていれば、南幌町・長沼町の札幌市のベッドタウン化は今以上に進んでいたものと考えられる。

日本甜菜製糖士別製糖所 (2649、2248)

北海道は戦前から甜菜(ビート・砂糖大根)の産地であり、明治製糖は台湾でもサトウキビを原料とする砂糖の製造にあたっていたが、北海道では士別で甜菜からの砂糖製造を行なっていた。1940(昭和15)年5月16日付で士別駅からの1.7kmの側線は専用線から専用鉄道

夕張鉄道6。大正15年に国鉄より譲渡、私鉄入りB6の元祖である。転車台に載っているところをみると、入替中の脱線を防ぐために逆行を正位として入替を行なっていたのだろうか。
'62.7 鹿ノ谷 P：中西進一郎

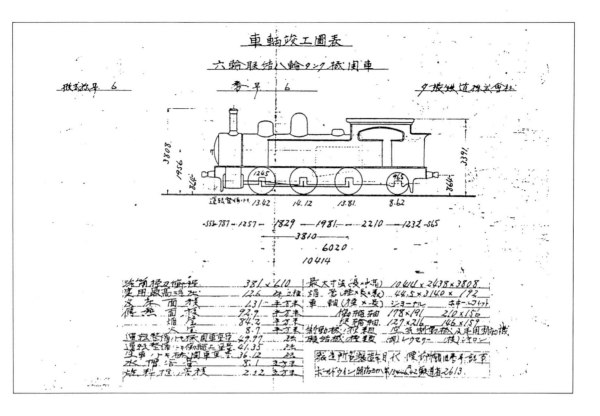

に昇格している。

　日本甜菜製糖なる会社は戦後、明治製糖が台湾の権益を無くした後、北海道製糖などと合併して設立され、国の保護もあり次第に力を伸ばしていった。戦後は北

日本甜菜製糖士別 2649。専用線譲渡のB6第1号として昭和10年に当時の明治製糖士別工場に譲渡された。2500形式の多くがそうであったように後部砂箱が増設されている。本機ではやや小型のようだ。後に三美運輸に譲渡。　　　　　　　　　　　　　'63.8　士別製糖所　P：中西進一郎

日本甜菜製糖士別 2649。後照灯が上に飛び出した特徴的なスタイルが判る。三美の2代目1号(18頁)になってからも後照灯の位置はそのままであった。
'63.7 士別製糖所　P：中西進一郎

海道の畑作振興の意味もあり、国の大きな補助で甜菜原料の砂糖の生産増強が図られた。明治製糖も加わって改組された日本甜菜製糖は、各地の製糖所を増強していった。甜菜は寒地性の作物であり、北海道でも主として東部と北部に製糖所が設けられた。

　この2649は秋冬季、士別の駅に送られてくる製糖原料の甜菜(ビート)を工場内に搬入するのが主な仕事で、春夏は休車であったという。

　1964(昭和39)年10月10日付で廃車、三邦機械㈱にスクラップとして売却された。しかしこのまま解体されることはなく、三美運輸の1号機(2623)の代わりに2代目1号機として1967(昭和42)年に再生した。

　2248は1955(昭和30)年9月7日秋鉄局で廃車、同年11月に入線し、1956(昭和31)年3月1日付で譲受使用認可を得て2649同様の入替と専用鉄道の運転に使用された。1962(昭和37)年9月26日付で三美運輸に移り、2号(2651)に代わり2代目2号として使用された。

油谷砿業　(2650)

　この鉄道の正式の名称は「三菱鉱業芦別鉱業所専用鉄道」である。ここの機関車はB6よりは、同じ三菱の大夕張鉄道から1962(昭和37)年に移籍された9201、9237(俗称ダイコン＝大きなコンソリデーションの意味)のほうがはるかに有名で、末期の活躍は「けむリブロ」により『SL№2』や『鉄道讃歌』などに紹介された。

　2650は車籍は三菱鉱業にあったが、所有は同線辺渓(ペンケ)から奥の油谷砿業。屋根付きで有名であった(なお『鉄道ピクトリアル』№195、39頁の三美運輸2(旧国鉄2651)は油谷の2650の誤)。1949(昭和24)年9月29日札鉄局池田区で廃車、上芦別への入線は1954(昭和29)年3月24日付で譲受認可、同年5月25日に竣功届が出されている。1964(昭和39)年3月上芦別炭砿の閉山で専用鉄道も廃線になり、この機関車も1964(昭和39)年3月31日付で用途廃止となった。

三美運輸　(¹1←2623、¹2←2651、²1←2649、²2←2248)

　この鉄道は三井鉱山の美唄砿業所の専用線で、国鉄函館本線(南美唄支線)の南美唄駅を起点とし、延長は1.2kmであった。1962(昭和37)年3月23日に美唄砿業所の縮小で三美炭砿の運輸機関として三美運輸と改名した。

　機関車は初代1号が国鉄2623で、旧札鉄局旭川区で

三菱上芦別専用鉄道（油谷砿業 2650）。有名な屋根付き機関車だが屋根を付けた理由は判らない。イギリスの軽鉄道には縦型のボイラーを持ったものに屋根付きはあったが、普通のボイラーで屋根付きは、日本では蒸気動車以外にはない。　　　　　　　　　　　　　　　'63.4.4　辺渓　P：下島啓亨

油谷砿業 2650（旧国鉄2500形式）は昭和29年の譲渡。実際の入線はこれより早いらしい。車籍は三菱上芦別だが所属は油谷（ゆや）砿業のため、上芦別駅に姿を見せることはなかった。　　　　　　　　　　　　　　　　　　　　　　　　　　'63.4.4　辺渓　P：下島啓亨

三菱上芦別と言えば、9200形(俗称ダイコン)の方が有名で、油谷砿業2650の屋根無しの姿は殆ど撮影されていないが、これは辺渓で入替中の貴重な記録である。　　　　　　　　　'61年 辺渓　P：広田尚敬

三美運輸2代目2号機。動態機としては日本で一番最後まで活躍したＢ６。日甜士別の2248を購入した2代目2号機は、貴重なキャップ付きの化粧煙突で砂箱も前位置で原型。しかしキャブは高屋根に、後部炭庫付近もかなり改造されている。　　　　　　'72.5.5　南美唄　Ｐ：笹本健次

三美運輸2代目1号機。昭和10年に国鉄から明治製糖士別に譲渡された2649は三美運輸に移籍して1号となり、本務機として活躍。1号、2号機共に江別市の倉庫で眠りについているが、一般に公開されることを望みたい。　　　　　　'72.4.3　南美唄　Ｐ：名取紀之

1949(昭和24)年9月16日付廃車、その年から美唄砿業所での使用が開始された。しかし譲渡の決定は1950(昭和25)年7月21日と実際の使用から大分遅れている。専用線は専用鉄道ほど法規の縛りがなかったからであろうか。1967(昭和42)年4月には日本甜菜製糖士別製糖所で使用した2649が入線、2代目1号機となった。初代2号は国鉄2651で、1948(昭和23)年1月29日旧札鉄局で廃車、三井美唄への転入日付は不明(今村氏は1952／昭和27年としているが、廃車から入線までの間が長すぎる)。1963(昭和38)年秋に廃車になり、旧日本甜菜製糖士別製糖所の2248を購入して2代目2号としている。

また3号機として雄別鉄道から234号機(国鉄2719)を1953(昭和28)年に購入、1958(昭和33)年には北星美流渡に譲渡された。

三美運輸はその後三美炭砿が閉山する1973(昭和48)年3月30日まで2649本務、2248予備の態勢で輸送を続けた。恐らく動態のB6としては日本でもっとも遅くまで活動を続けたものと考えられる。この機関車のその後については上巻(国鉄編)に記載した。

北星炭砿美流渡砿　　(2146、2719)

当初北海道炭砿汽船の美流渡(みると)砿であったが、会社の合理化で分離会社となり美流渡炭砿を経て北星炭砿を名乗った。ここにはイギリス生まれの2120形式の2146と、軸配置をC2に改造した旧2575の2719の2輌が存在した。

2146は1948(昭和23)年10月27日旧札鉄局富良野区で廃車になり、北炭美流渡では漸く1951(昭和26)年6月19日に譲受使用認可を受けている。この間に所有者がいたかどうかについては不明である。美流渡砿には真谷地砿から8100の導入があったために、1966(昭和41)年5月10日に用途止となっている。

北星美流渡　2146。北海道炭砿汽船美流渡砿で昭和26年6月19日に使用認可、改造B6の2719とコンビで活躍。'64.8　美流渡　P：中西進一郎

北星美流渡砿　2146の牽く列車。美流渡の乗降場で発車前の給水を行なう2146。炭庫の容量を増すため著しい改造を受けており、後姿は一般のB6とはかなりかけ離れたもの。
'64.8　美流渡　P：中西進一郎

C11の引く万字線の934列車が美流渡に到着すると、北星美流渡2719が牽く（推進）上美流渡行き（12時30分発）が発車して行く。この写真は同位置で撮影した2枚の写真を合成したもの。

'59.2.9　美流渡付近　P：広田尚敬

北星美流渡 2719。この辺は各地に点在した炭砿の中でも雪の深い地帯であった。2719が客車と連結を外した状態だが、気になるのは前面のスノープラウ状の装備。恐らく折り畳み式で除雪の際は連結器を覆い隠して使用したものと推察される。　'59.2.9　美流渡　P：広田尚敬

北星美流渡 2719。夏姿のためかスノープラウは見えない。後部から見ると極端に大型に改造された炭庫が気になる。石炭積載量を増加しても後部の2軸ボギー台車に支えられて不安定にはならなかったのだろう。改造B6である2700形式の保存がないのは残念である。'64.8　美流渡　P：中西進一郎

2719は形式2700としてはただ1輛の民間譲渡機であり、詳細については雄別(炭砿)鉄道・三美運輸の項で述べた。1953(昭和28)年に美流渡に来てからは、専用の旅客列車や運炭列車を牽引して比較的長命の存在となり、1967(昭和42)年9月に廃車となった。

十勝鉄道　　(2653)

十勝鉄道の762mm区間は、北海道製糖の帯広製糖所(旧十勝鉄道)と、明治製糖清水製糖所(旧河西鉄道)に、十勝平野で生産された甜菜(ビート)を運搬するのを目的に設置された。フランスに多かったという、ガーデンレイルウエイ(農園芸鉄道)のような存在であった。

B6の2653が入線したのは帯広駅－工場前間の1,067mm区間で、製糖所への遠隔地からの原料輸送が主目的であった。そのほか製品の搬出にも利用された。この2653は旭鉄局名寄区で1951(昭和26)年頃廃車、1951(昭和26)年11月に入線、1952(昭和27)年1月8日付で譲受使用認可を得ている。

同社の1,067mm線では1923年製のドイツ・コッペルのCタンク2号機(旧明治製糖清水工場2)30.5tの機関車が在籍していたが、このほうが手頃で便利だったようで、2653は予備のほうが多かった。

2653号機は1958(昭和33)年3月10日付で休車、1958(昭和33)年4月10日付で用途廃止、1958(昭和33)年6月9日付で日本甜菜製糖美幌製糖所に売却された。日甜美幌では7月1日に使用認可をとったが、2年足らずの使用で1960(昭和35)年6月22日付で廃車、9月には解体されている。

北菱産業　　(2287→1)

室蘭本線の長和駅から側線が別れていた。ここには山形県の羽前大山駅から分岐していた三菱鉱業油戸炭砿の2輛のB6のうち1輛、2287が移動し最後の活動を行った。この2287の動静については、三菱鉱業油戸炭砿の項で詳細を述べたい。

松尾鉱山鉄道

(2501←2520、2502←2638、2503←2522、
　　　　　2504←2518、2505←2617)

本名は古く1914(大正3)年8月1日に設立された松尾鉱業株式会社で、この鉄道の通称は松尾鉱山鉄道であ

日本甜菜製糖美幌 2653。十勝鉄道の帯広～工場前で使用後、昭和33年6月9日に美幌製糖所に移動。高いキャブ屋根、空制装備の取り付け以外はアメリカB6、2500形式そのもの。砂箱2個は2500形式の大部分に共通し、後期車は工場出場時のからのようだ。　　'58.8.19　美幌製糖所　P：高井薫平

松尾鉱山鉄道 2502。4110の入線後は屋敷台の入替に5輌中2輌が使用されていた。電化直前で構内は架線で一杯であった。アメリカB6の後期2636が原番号で、日甜美幌の2653と似ている。煙室前板は空制装備のため削られている。　　　　　'51.7.29　屋敷台　P：瀬古龍雄

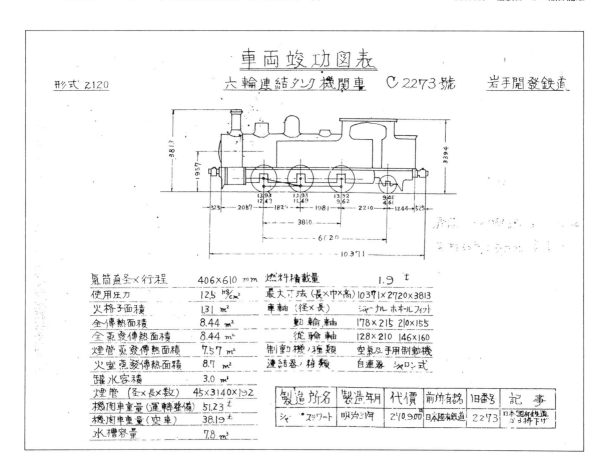

る。通称のほうが通りがよく、駅の社印や乗車券などもそうなっているので、ここでは松尾鉱山鉄道と称することにする。この鉄道の起源は、松尾鉱山に産出する硫黄を各地に運搬するために設立された専用鉄道であり、古く1933(昭和8)年11月6日に免許を得ている。地方鉄道に昇格したのは、1948(昭和23)年3月15日であり、直流1,500ボルトでの電化は1951(昭和26)年8月10日で名物蒸気機関車の4110形式もそれを契機に廃車された。B6は2500形式のみで配置は5輌、1934(昭和9)年に国有鉄道から2520、2636、2522の3輌の譲渡を受け、社の2501、2502、2503となった。続いて翌1935(昭和10)年には2518、2617が譲渡され、2504、2505となった。1936(昭和11)年＝4116→4116、1938(昭和13)年＝4148→4117、1941(昭和16)年＝4115→4119(以上国鉄から譲渡)、1941(昭和16)年＝C11 8、(日立笠戸新製)が逐次譲渡され、2500は入替用に回り、ついて予備機に回る度合いが多くなった。

この鉄道でおもしろかったのは、地方鉄道なのに鉱山の所長クラスの通勤専用デラックス車があったことである。当初はハユ4(旧越後鉄道)の郵便室で、筆者はある朝、この車に乗っていて発車前に追い出された経験がある。湯口　徹氏は後にオハフ10に特別室が設けられた旨報告されている。

硫黄は石油精製の回収硫黄で賄えるようになり、鉱山は操業停止に追込まれた。電化後の鉄道は何とか観光鉄道として生きようと努力したが、1972(昭和47)年10月10日、営業廃止に追い込まれた。

東北電気製鉄和賀川工場　　(2273)

本機の最初の使用者である岩手開発鉄道は1950(昭和25)年10月21日盛－日頃市間6.4kmの営業を開始し、その後小野田セメント赤崎工場のセメント輸送を引き受けることになり、盛－赤崎間が1957(昭和32)年5月1日に開通、間もなく1960(昭和35)年10月21日、石橋で産出する石灰石の輸送を開始するため日頃市－岩手石橋間を開通させた。

1992(平成4)年4月1日から旅客輸送を廃止、小野田セメントの原料輸送と製品輸送を行う貨物専業の地方鉄道になっている。

B6(2120形式)の2273は仙鉄局小牛田機関区で1種休車中に岩手開発鉄道の建設用に貸し渡され、1950(昭和25)年7月21日には3次払い下げで譲渡が決定、国鉄では同年10月に廃車が決定した。主として建設用に使用

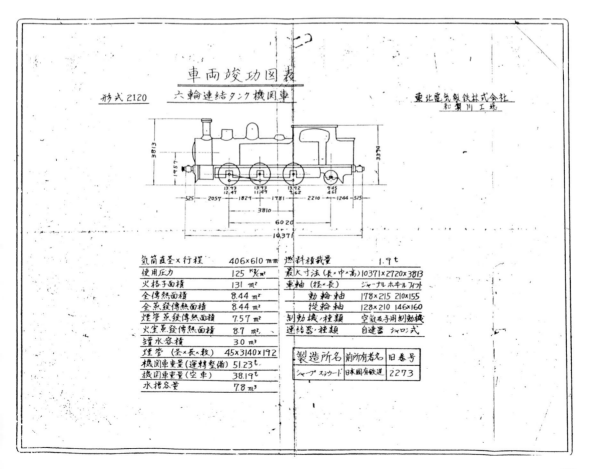

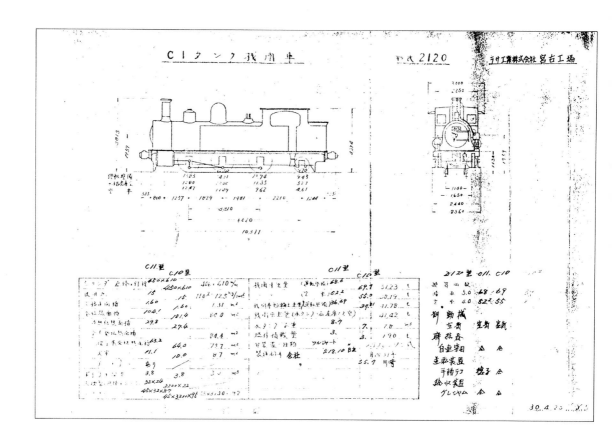

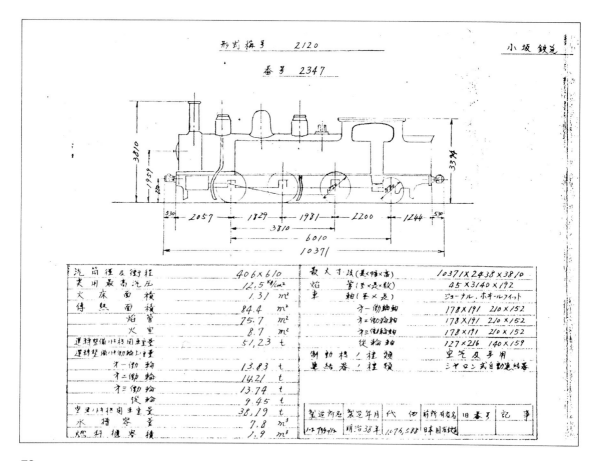

されたが、1952(昭和27)年9月には東北電気製鉄和賀川工場(和賀仙人駅)に譲渡されている。地方鉄道での廃車届は1953(昭和28)年5月になって出された。東北電気製鉄和賀川工場ではそれまで使用していた1070形式1099号を1953(昭和28)年5月に廃車にして、DC251が入線するまで使用され、1957(昭和32)年6月に廃車解体された。

入替に従事していたラサ工業宮古工場では、B10の老朽化でB6を導入することになった。化学工場の専用線としては線路状態もよく、B6も問題なく入線できたようである。1962(昭和37)年10月の2170の廃車前には、国鉄でも軸重の重いことから嫌われたC10 8(1962／昭和37年3月31日国鉄廃車)が入線している。このほかC11も入替用として存在した。

ラサ工業宮古工場　　　　　　　(2170)

関東東北では珍しかった5500改造のB109、B1010が

小坂鉄道　　　　　　　　　　　(2347)

小坂鉄道には本線のほか、1951(昭和26)年11月25日、762mm軌間から1,067mm軌間に改軌され、銅鉱石を輸送していた花岡線4.8kmがあった。2347は秋田中央交通からきた軸配置1B1の256とともにこの花岡線で使用されていた。

国鉄では1953(昭和28)年12月23日付で秋鉄局で廃車、1954(昭和29)年5月3日付で譲渡を受けている。

東北肥料秋田工場　　　　　(2153、2288)

羽越本線の羽後牛島駅から分岐する専用線に東北肥料秋田工場があった。現在もコーブケミカルの工場になって肥料工場は健在だ。専用側線はかなりいつまで

ラサ工業宮古工場2170のプレート。新潟機関区所属の2170は原型維持の美しいB6であったが、ラサ工業に転じた。
'57.8.5　宮古工場　P：三宅俊彦

小坂鉄道 2347。花岡線の改軌後、秋田中央交通から来た230形式256と共に使用。写真は保線か工事輸送列車の出発風景だろう。ダブスの血を引くノースブリティシュのグラスゴウ工場製で、釧路臨港鉄道10号機となった2356とは兄弟。原型砂箱2基も良く似ている。　　　'56.8.14　大館　P：石川一造

▶東北肥料秋田工場　2288。この工場の側線は専用鉄道として1989年まで健在であった。従来使用していた機関車は小型機が多くＢ６入線は大丈夫かなと思ったが、十分に使いこなしていた。三菱油戸の２号機となった2287とは一番違いの仲間。
'51.8.1　茨島工場
P：瀬古龍雄

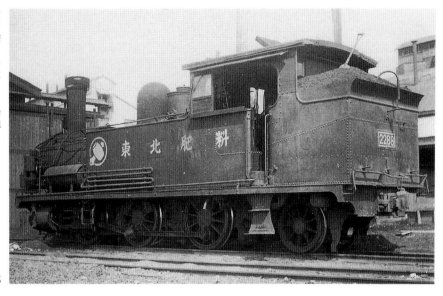

▼東北肥料秋田工場　2153。
原図：八代伯郎

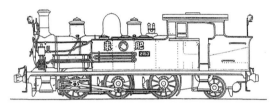

も残ったほうであるが、現在は撤去されている。筆者が訪問した1951(昭和26)年の時点では蒸気機関車を4輌も保有し(うち2輌は休車)、何れもが古典機でSL博物館の様相を見せていた。1号機は旧青梅鉄道の1Bの軸配置のドイツ・クラウス製、銘板が無く足回りの刻印から青梅の4号機と見たが、故臼井氏によれば2号機か3号機ではないかとのことであった。2号機は大日本軌道製、旧所有者は東洋高圧であった。1701号機は旧陸奥鉄道4号機、省1700を経て新潟臨港1701になり、国鉄に再買収されて、1701のまま東北肥料に譲渡された。雨宮製作所1922(大正11)年製である。

初版発行の2000年12月１日の直後、秋田市の小林和彦氏から2153の脱落について重大な情報を頂いた。

この鉄道は専用線認可1943(昭和18)年１月、専用鉄道昇格は1953(昭和28)年３月31日、東北肥料のほか３社(三菱金属鉱業・菱化吉野石膏・太平産業)も利用しており、鉄道の延長は3.9kmもあった。

2153は主として秋田の所属で1955(昭和30)年に東北肥料に払い下げられている。写真は残念ながら未入手であるが、鉄道友の会秋田支部の権威、八代伯郎氏の原図を掲載しておく。また、2288は1950(昭和25)年7月、新鉄局(8月からは秋田局)秋田機関区で廃車、同年7月10日付で入線している。今までの3輌に比べて軸重の重いＢ６であったが、大変よく使われて1964(昭和39)年9月30日付で廃車、10月には早くも売却、スクラップ化された。

小名浜臨港鉄道

(C507←2630＝実際は2541の模様、C508←2256、C509←2359)

小名浜臨港鉄道とは、常磐線の泉駅から分岐する現在の福島臨海鉄道の前身である。以前は動力車はすべて蒸機ということでまことに壮観であった。

C507～C509の3輌は日本水素を起点として、計画的に運転されていた長大なトキ列車を牽引するために増備されたもので、ディーゼル化される前の貨物輸送の花形であった。

C507は旧国鉄2630であり、1948(昭和23)年１月29日、東鉄局品川機関区で廃車(これは名目で、実際は水戸機関区で廃車になった2541が譲渡されたとのことである。この時期は機関車も客車も振替がかなり行われた)。当初茨城交通に譲渡され茨城線の17号機になったが、認可は1951(昭和26)年１月31日と大分遅れている。茨城線での使用は軸重が重過ぎたか、はやくも1951(昭和26)年10月3日には小名浜臨港鉄道に譲渡され、C507となった。小名浜では重量貨物列車を牽いて活躍したが、C509の入線と共に1957(昭和32)年2月10日付で休車、1959(昭和34)年3月20日付で廃車、1961(昭和36)年4月12日付で解体処分を受けた。

C508はもと国鉄2256で、1955(昭和30)年１月７日仙鉄局福島区で廃車、小名浜臨港で1955(昭和30)年11月10日付の譲受認可を得ている。小名浜のＢ６のなかでは最も状態が良かったのか、最後まで生き残り、1964(昭

車輛竣工図表
六輪連結タンク機関車　　　形式 C50　　　小名浜臨港鐵道株式會社
　　　　　　　　　　　　　番號 507

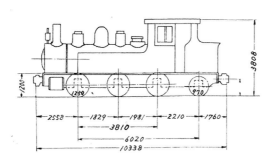

汽筒径及衝程	406粍×610粍	最大寸法(長×幅×高)	10338粍×2440粍×3808粍	
實用最高汽圧	11.0瓩平方糎	焔管(径×長×数)	45粍×3140粍×192	
火床面積	1.31平方米	車軸(径×長)	ジャーナル	ホイールフィット
傳熱面積	92.9平方米	従輪軸	128×216	146×159
焔管	84.2 〃	働輪軸	178×191	210×156
火室	8.7 〃	制動機ノ種類	空気及手用	
運転整備トキ機関車重量	49.98瓲	連結器ノ種類	後部 柴田式　前部 シャロン式	
全上働輪上重量	41.35 〃			
空車ノトキ機関車重量	41.36 〃			
水槽容量	7.8立方米			
燃料槽容積	1.73 〃			

製造所名	製造年月	價額	前所有者	旧番号	新番号	記事
ボールドウイン	明治38年	1,200,000円	茨城交通			

小名浜臨港鉄道 C507。小名浜の3輌のB6のうち入線が最も早い。入線の翌年、昭和27年6月に福島の協三工業で全検を受けた。帳簿上では旧国鉄2630だが実際は2541の由。だが製番が26172(社史)であれば、新井の大日本セルロイドに行った2605ということになる。　'51.6.24　小名浜　P：石川一造

小名浜臨港鉄道C508の牽く混合列車。C508は小名浜のB6中、最も状態が良く、昭和39年5月まで使用。続くハフ7はもと北九州鉄道の気動車。鉄道省を経て昭和19年に入線。気動車の後ろにレムも見えるが、小名浜港は昔も今も、重要な漁港である。 '62.7 泉〜宮下間 P：園田正雄

泉駅に到着したC509の牽く列車。小名浜で一番最後に入線したＢ６で旧国鉄2359。昭和32年６月に竣功届け、廃車は昭和38年12月。泉駅は海側に国鉄のホームがあり、長い跨線橋で小名浜のホームとつながっていた。貨車輸送最盛期には、間の側線は到着・発送貨車で埋まっていた。Ｐ：中西進一郎

旧国鉄2359であったC509は2120形式ではかなり後の製作で、南満州の軍用にはなっていない。ノースブリティシュのグラスゴウ工場製で、ダブスの流れを汲むものである。この機関車も釧路臨港鉄道10号(旧国鉄2356)とは兄弟である。
Ｐ：中西進一郎

小名浜に到着して憩うC508。C508は旧国鉄2120形式2256で、南満州から軍用解除になり帰還したB6である。専用線最後のB6となった2248とは兄弟の、ノースブリティッシュ、ハイドパーク工場(旧ネルソンレイド)製。国鉄最終配置は福島機関区である。　'62.7　P：園田正雄

ダブスと、その流れを汲むノースブリティッシュ(グラスゴウ工場)の銘板。上はNo.2879で1892年製の小名浜臨港鉄道B375(国鉄508)、下はNo.17066でC509(旧国鉄2359)のもの。　P：中西進一郎

和39)年5月4日付で休車、1966(昭和41)年2月5日付で廃車、同年8月30日付で解体された。小名浜で当時の重量貨物のトキ列車を牽引している写真はC508のことが多かった。

　C509は旧国鉄2359で、1956(昭和31)年9月1日東鉄局飯田町区で廃車、1957(昭和32)年6月に竣功届けが出されている。C508と同じ用途に使用されたが、廃車はC508より早く、1963(昭和38)年12月26日付で廃車決定、解体はC508と同様の1966(昭和41)年8月30日付である。

呉羽化学錦工場　(2553)

　水戸鉄道管理局平機関区で1950(昭和25)年10月27日付で廃車されている。呉羽化学には次のような事件で入線した。常磐線勿来駅を発車したD51の牽く貨物列車が、勿来駅の信号取扱いの誤りから呉羽化学の専用線を冒進、構内の604号(旧国鉄600形式、イギリス・ナスミスウィルソン社製)を大破させて漸く停車、この代償として2553が譲渡された。同社では10年間入替に使用されたが、1960(昭和35)年12月10日付廃車、翌年7月10日付で解体された。

85

三菱鉱業油戸炭砿　(1←2304、2←2287)

　三菱鉱業油戸炭砿は羽越本線羽前大山駅から分岐していた専用線を持ち、炭砿の開設は1949(昭和24)年である。品質の低い亜炭に近いものを産出していたが、産炭地が不況になると、1957(昭和32)年には早くも閉山している。

　2304→1は1949(昭和24)年9月29日新鉄局直江津機関区で廃車、油戸炭砿への譲渡日日付は不明だが、炭砿の開設が1949(昭和24)年ということであるから、廃車後直ちに譲渡されたものと考えられる。

　2287→2は1950(昭和25)年7月新鉄局酒田機関区で廃車になっているが、油戸には1949(昭和24)年度中に入線している。1957(昭和32)年の閉山後、2287→2は同じ三菱系の会社、室蘭本線の長和駅から側線が別れていた北菱産業に譲渡され1号機関車となる。後に北菱産業は志村加工となる。

　この2287を「閉山とともに廃車解体したものと思われる」(『鉄道ピクトリアル』№195)としたのは筆者の誤りで、井上恒一・笹本真太郎氏のご指摘(『鉄道ファン』№84)通りである。しかし最近井上氏が著書で述べられた、2287、2304が大正時代から岩見沢区に所属して美唄鉄道に貸し出されたという記述はかなり疑わしく、少なくとも2304は戦前から直江津区に所属していた。美唄貸し出しは恐らく別の番号のＢ６ではなかろうか。なお同著書にはノースブリティシュ№16998の銘板の写真(取り外したもの)が掲載され、2287のものとされているが、これは紛れもなく2304のもので、こうなると油戸炭砿で廃車になった2輌は当初揃って北海道入りをした可能性が高い。また2304は油戸で1号機であり、長和での現地機に付いていた銘板は下に示した写真のように2287のものである。

ノースブリティシュ(ハイドパーク)の銘板。北菱産業の機関車に付いていたもので、美唄の星修元機関区長ご保存のNo.16998(2304)とは異なる2287のもの。こうなると油戸のＢ６は2輌すべて一旦北海道入りをした可能性が高い。　　　　　　　　　　'59.2　Ｐ：広田尚敬

日本電興小国製造所　(2108)

　この工場は米坂線小国駅から側線が出ていた。この2108が入る前は、東武鉄道の英ベイヤーピーコック製の1号機が在籍していた。残念ながら筆者の確認前に、新発田でスクラップと化していた。

　2108は新鉄局米沢機関区で1949(昭和24)年4月29日付で廃車、同年12月に日本電興に入線、使用届出は1950(昭和25)年1月20日である。日本電興では約10年間使用され、津軽鉄道のC353の入線とともに1958(昭和33)年7月廃車、スクラップとして釜石に甲種輸送された。このC353も1962(昭和37)年1月にスクラップ化され、構内輸送はディーゼル化された。その後日本電興は東芝電興→東芝セラミックスと改名、現在も盛業中である。

常総鉄道　(10←2111、11←2102)

　この鉄道は1913(大正2)年11月取手－下館間を開通させ、戦時統制で1945(昭和20)年3月30日に筑波鉄道と合併、1965(昭和40)年6月1日には茨城県南の鉄道の大合併で関東鉄道となるが、その後鹿島(参宮)鉄道や筑波鉄道を分離する。

　この鉄道には1929(昭和4)年10月に2100形式2111が同鉄道の10号機として譲渡され、1930(昭和5)年6月に同形式の2102が11号として譲渡されている。常総では空気圧縮機がついていなかったので、極めて古典的な外観となり、故臼井茂信氏は「明治の風景を眺めるようであった」と述べられている。両機とも砂利輸送など重量貨物列車に使用されていたが、信頼性の高い蒸機8、9号がいるからということか、大型ディーゼル機関車の入線前の1951(昭和26)年に廃車処分された。

東武鉄道　(26←2106)

　東武鉄道26号機は常総鉄道と同様に国鉄では2100形式であった2106が1928(昭和3)年10月8日に譲渡され、2代目の26号機になった。炭水容量が小さいために本線使用は少なく、日光線の建設や業平橋・杉戸の入替に使用され、1959(昭和34)年1月に廃車された。これも空気圧縮機などの装備が無かったので、大変古典的な風貌を示していた。

常総鉄道(現関東鉄道)10号機は、旧国鉄2100形式2111で昭和4年に譲渡されている。後部砂箱がピーコック型なのは、西濃の2109と良く似ている。また空気制動機の装置が全くないことや、前部のランプが極めて古典的で、戦後に写された写真とは思えないような風情である。

'61.11.4 水海道 P：伊藤 昭

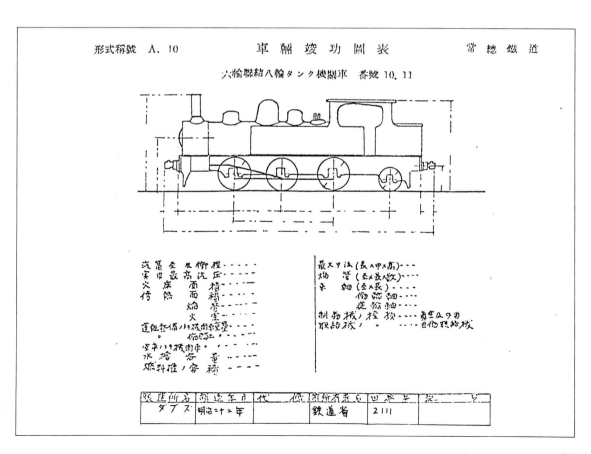

東武鉄道杉戸駅構内の風景。中央に本務機の60号機(旧国鉄6250形式6253。イギリスのネルソン製)が長い貨物列車を牽いて待機している。左は2100形式の

東武鉄道 26。旧国鉄2100形式2106で、昭和28年10月8日に譲り受けて2代目26号となる。'56年末か'57年初頭に大改修されたようで水タンクを新製。廃車は'59年1月だから、勿体無いような改修であった。この頃から回転式の火の粉止めを装備するようになった。　　'57.10　杉戸　P：園田正雄

杉戸で入替に従事していた。 '53.8.2　P：石川一造

杉戸機関区の転車台に載った26号。良く磨かれた車体が、低屋根、空制なしにマッチしている。この機関車も後部砂箱がピーコック型である。筆者の撮影ノートでは、この日杉戸では46、47、54、64、また解体中の22を、館林では5、31、庫内の27、28を写している。'56.1.31　杉戸　P：瀬古龍雄

五日市鉄道

(5←2532)

　1929(昭和4)年久里浜において廃車、五日市鉄道に譲渡された。五日市鉄道では5号機として岩井のセメント工場からの輸送に使用されたが、毎年1月2日の拝島の大師様の縁日には、岡山の西大寺鉄道同様、蒸気機関車総動員で参詣客を輸送、このときばかりは旅客輸送にも動員された。戦時中の企業合同で1940(昭和15)年10月3日、南武鉄道に合併された。南武鉄道は1944(昭和19)年4月1日に国有化され、五日市線になった。私鉄買収蒸機は買収後早く廃車になったものが多かったが、買収後2532に戻った5号機は、同じアメリカ・ボールドウイン製の2659の転入もあり、1950(昭和25)年頃まで入替に使用されて廃車された。

南武(五日市)鉄道 5。五日市鉄道は南武鉄道と合併したが、機関車のナンバーは変更しなかった。5号機は旧国鉄2532で古く昭和4年の譲渡。武蔵五日市機関区に2659も配置され、2184も含めて3輌のB6が集った。後ろに見える機関車はボークレイン複式の3号機(旧国鉄3705)。'43.8　P：園田正雄

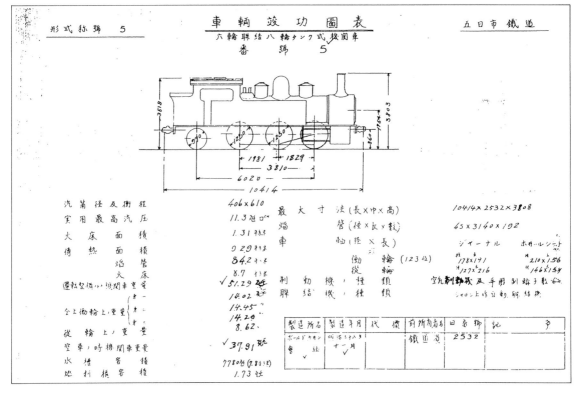

茨城交通

(16←²5←2374、17←2630＝実際は2541)

　茨城交通で蒸気機関車を使用したのは、茨城線（赤塚－御前山間）と湊線（勝田－阿字ケ浦間）である。戦後国鉄機を導入したのは、1948（昭和23）年という戦後もっとも早い時期で、1942（昭和17）年4月以来の借入機関車が1947（昭和22）年1月14日付で正式に水戸機関区で廃車、国鉄からの正式譲渡は同年中の模様である。茨城線では2代目5号となったが、1948（昭和23）年6月に16号と改番される。運輸省の認可は1948（昭和23）年8月9日（白土貞夫氏）と大分遅くなっている。

　茨城線で使用された後、1951（昭和26）年10月に湊線に転じ、1958（昭和33）年10月1日、廃車解体された。

　17号機についてはすでに小名浜臨港鉄道の項で解説しているが、小名浜臨港鉄道に譲渡されるまで、茨城交通での認可後1年も経過していない。同僚の16号機が湊線に移されたり、やはり茨城線ではB6の軸重に問題があったのだろうか。

大日本セルロイド新井工場　　(2605)

　信越本線新井駅から僅かの専用線を経由して、大日本セルロイド（現「ダイセル」）新井工場がある。この会社は立山重工業1943（昭和18）年10月製の30tCタンク機関車を入替に使用していたが、予備機なしの1輌ではいろいろ不便のため国鉄に譲渡を申請、1950（昭和25）年に2605が新井工場専用線に入線した。

　1960（昭和35）年7月21日付で日本輸送機製25tB型ディーゼル機関車2輌が入線したため、301号機もろとも1960（昭和35）年8月1日付で廃車、同年10月に両機とも解体された。

石原産業四日市工場　　(2412)

　これは数少ないドイツ製B6の払下機である。1948（昭和23）年1月29日付で名鉄局高山機関区で廃車、石原産業への譲渡は1953（昭和28）年といわれているが、この5年間の動静は明確でない。石原産業では1942（昭和17）年日車製のS108号と共に交替で入替作業に従事していた。1966（昭和41）年7月1日には長野工場で全般検査を実施するなど、まだまだ寿命は持つと考えられたが、1968（昭和43）年7月31日限りで使用停止、盛大なさよなら会が行われた。その後直ちに名古屋市に寄贈され、市立科学館で保存されているが現在も状態は良好である。

石原産業四日市工場　2412。最後の時期まで残って有名だった石原産業の2412号機。形式2400のドイツハノーバー製ということも珍しかったが、昭和41年7月に長野工場で全検出場したことや全検2年後で使用停止になったことも珍事であった。　　'68.2.27　四日市工場　P：小寺康正

塩浜駅付近を行く石原産業2412。塩浜駅～工場間1.8kmの専用鉄道を往復していた。続く貨車は、ワム60000ありワキ1000あり、ワ22000ありで新旧交替期であった。　'68.4.21　P：小寺康正

西濃鉄道 　　　　(2105、2109)

　西濃鉄道は東海道本線の支線(大垣－美濃赤坂間)の終点美濃赤坂から東(昼飯線)と西(市橋線)に延びている貨物専業の地方鉄道である。1928(昭和3)年12月17日の開業で、沿線に産出する野天掘りの石灰石の輸送や石灰製品の輸送にあたってきた。現在の石灰輸送はホキを使用した輸送が主であるが、以前は石灰輸送にテ・テムが使用されていた。肥料輸送にワム・ワラも使用されたが、このほうはコンテナ化されている。

　当初は鉄道省の借入機関車で輸送を開始したが、まず2105が、1929(昭和4)年6月に名鉄局浜松機関区で廃車になり同年6月27日付で譲渡された。つぎに同じく名鉄局松本機関区で廃車になった2109を譲り受けた。

　2105は1964(昭和39)年7月、三菱三原製の40tDL、DD401が導入されると同時に休車、同年10月27日付で廃車、1967(昭和42)年に解体されている。2109も予備機として使用されていたが、ディーゼル機関車の増備で、1966(昭和41)年2月に休車、同年5月に廃車、大垣

西濃鉄道 2105。旧国鉄2100形式2105が昭和4年6月に入線。2109も加わり2輌配置1輌使用の時代が続いた。'61.7　美濃赤坂　P：園田正雄

西濃鉄道 2109。譲り受け当初は低屋根、化粧煙突(2109のみ)、空制装置なしであったが、恐らく国鉄工場に修繕入場した際に改修されたのか、次第に原型が失われてしまったのは残念なこと。右頁の写真では化粧煙突がパイプ型になっている。　　　　'60.1.8　美濃赤坂　P：小寺康正

▶美濃赤坂行きの東海道支線に乗り、駅が近くなるとB6が見える。これが楽しみ。　　　　　　　　　　　　　　　　　'64.9.8　美濃赤坂付近　P：小寺康正

市に展示のため寄贈されることになり、美濃赤坂の機関区で保存されていた。しかし大垣市には行かず、1970(昭和45)年8月、大井川鉄道に移リ、1975(昭和50)年頃まで動態使用されたが、その後休車、1993(平成5)年に再整備のうえ日本工業大学に移管、動態保存中である。

西濃鉄道 2105。西濃鉄道は後背地の豊富な石灰資源に支えられ、石灰石や生石灰等の製品輸送、沿線の肥料工場の製品輸送が盛んだった。現在も名古屋港行きのホキ列車などに支えられ、輸送を継続している。
'61.7　美濃赤坂　P：園田正雄

西濃鉄道2109の牽く列車。2109の化粧煙突が健在であったこの頃、数少ない貨物専業の地方鉄道として盛業中であった。しかし美濃赤阪から左手に延びる昼飯線1.9kmはこの頃から次第に寂れていった。
'61.7　乙女坂　P：園田正雄

西濃鉄道2109の牽く列車。全編成がテカテムのようである。この時代、発熱し易い生石灰など石灰関係の輸送は、屋根まで鉄で発熱しても炎上することのない鉄製有蓋車であった。遠方の低い山に石灰石の精製工場が見える。付近の民家の屋根も白い。　　　　'64.9.8　P：小寺康正

三岐鉄道　　　　　　　　　　(2278)

　1933(昭和8)年2月、国鉄から譲渡認可を受けている。戦前に私鉄に譲渡された2120形式としては第1号である。三岐鉄道では石灰石やセメントなどの重量品輸送に使用されたが、電化で不用になり1953(昭和28)年4月に廃車解体された。

■

　近畿・中国・四国地方には、B6の私鉄・専用鉄道・専用線への譲渡は全くなく、九州地方まで飛ぶことになる。

小倉鉄道　　　　　　　　　　(2916)

　小倉鉄道の沿線には石灰石の産地があり、その輸送のためには強力な機関車を必要としたが、恐らく線路状態が余り良くなかったので、譲渡は軸重があまり重くない2900形式が選ばれたと考えられる。
　1934(昭和9)年5月、小倉鉄道に譲渡された2916は、

廃車後、内原操車場予定地に運び込まれた2916。　　P：中村夙雄

もともと関西鉄道109「雷」でボールドウイン1906年製、1907年国鉄に買収後2500形式2667となる。外観はアメリカンスタイルが強く、2907（国鉄編39・40頁）とは全く異なる。1943(昭和18)年5月1日に国鉄に再買収され、1948(昭和23)年1月29日付門鉄局東小倉機関区で廃車になった。その後、わざわざ茨城県の内原操作場予定地の未使用の側線まで回送されて解体された。

97

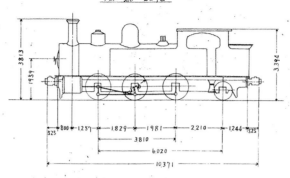
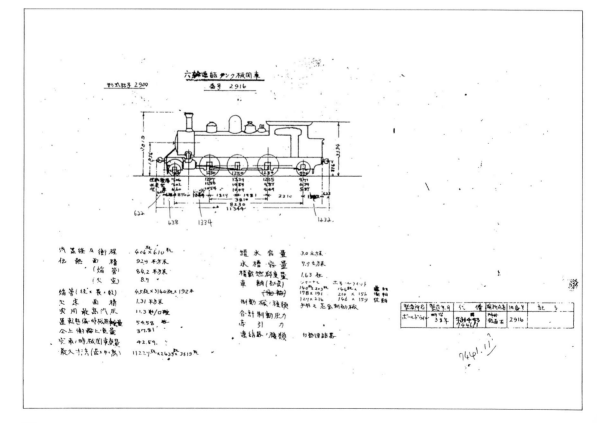

Ｂ６関連参考(引用)文献一覧

１、電気車研究会(鉄道図書刊行会)

◆単行本

編集部	「国鉄機関車配置表」	1955(昭和30)年８月１日現在
編集部	「国鉄動力車配置表」	1961(昭和36)年４月１日現在
臼井茂信	「国鉄蒸気機関車小史」	1956(昭和31)年６月
川上幸義	「新日本鉄道史」	1968(昭和43)年９月
和久田康雄	「私鉄史ハンドブック」	1993(平成５)年12月

◆「鉄道ピクトリアル」

深沢宗茂	「松尾鉱山鉄道」	1954(昭和29)年10月通巻39号
瀬古龍雄	「東北の古典ロコたち」	1959(昭和34)年11月通巻100号
小熊米雄	「釧路臨港鉄道」	1960(昭和35)年12月増刊
臼井茂信	「ピーコックの園に咲いた花」	1961(昭和36)年４月通巻115号
小熊米雄	「雄別鉄道」	1962(昭和37)年２月通巻128号
渡辺 肇	「三岐鉄道」	1962(昭和37)年２月通巻128号
内田真一ほか	「北海道の私鉄・専用線を訪ねて」	1963(昭和38)年６月通巻146号
臼井茂信ほか	「常総筑波鉄道」２	1964(昭和39)年５月通巻157号
小熊米雄	「尺別鉄道」	1965(昭和40)年７月通巻173号
白土貞夫	「茨城交通湊・茨城線」	1965(昭和40)年７月通巻173号
白井良和	「西濃鉄道」	1965(昭和40)年７月通巻173号
高井薫平	「小名浜臨港鉄道」	1966(昭和41)年７月通巻186号
久保田 博	「Ｂ６の懐想」	1967(昭和42)年８月通巻195号
成田松次郎	「Ｂ６形機関車の回顧」	1967(昭和42)年８月通巻195号
関根 清	「Ｂ６形機関車の構造と性能」	1967(昭和42)年８月通巻195号
金田茂裕	「Ｂ６に関するノート」	1967(昭和42)年８月通巻195号
今村 潔	「Ｂ６形機関車の車歴と配置」	1967(昭和42)年８月通巻195号
瀬古龍雄	「私鉄のＢ６」	1967(昭和42)年８月通巻195号
桐朋鉄道研究会	「私鉄・専用線に残るＢ６」	1967(昭和42)年８月通巻195号
白井良和	「石原産業のＢ６ついに引退」	1968(昭和43)年10月通巻215号
西城浩志	「TOPIC PHOTOS(ラサ工業)」	1971(昭和46)年７月通巻255号
瀬古龍雄	「東武の煙 "蒸気機関車としての足跡"」	1972(昭和47)年３月通巻263号
白土貞夫	「岩手開発鉄道」	1974(昭和49)年４月通巻291号
白井良和	「大井川鉄道」	1984(昭和59)年９月通巻436号
中川浩一ほか	「東北地方のローカル私鉄」	1987(昭和62)年 通巻477号
白井 昭	「Ｂ６形機関車の復活について」	1993(平成５)年12月通巻584号
佐藤繁昌	「松任工場のＢ６公開」	1994(平成６)年１月通巻586号

２、ネコ・パブリッシング『トワイライトゾ〜ン・マニュアルⅠ〜Ⅳ・５〜９』

専用線一覧表(昭和36年版)	1992(平成４)年10月	Ⅰ
専用線一覧表(昭和50年版)	1993(平成５)年９月	Ⅱ
専用線一覧表(昭和28年版)	1995(平成７)年10月	Ⅳ
専用線一覧表(昭和42年版)	1996(平成８)年10月	５
専用線一覧表(昭和58年版)	1997(平成９)年10月	６
専用線一覧表(昭和32年版)	1998(平成10)年11月	７
専用線一覧表(昭和26年版)	1999(平成11)年10月	８
専用線一覧表(昭和39年版)	2000(平成12)年10月	９

３、交友社

◆単行本

| 西尾克三郎 | 「記録写真 蒸気機関車」 | 1970(昭和45)年３月 |

金田茂裕	「日本蒸気機関車史 官設鉄道編」	1972(昭和47)年11月
臼井茂信	「機関車の系譜図Ⅰ」	1973(昭和48)年４月
鉄道友の会	「高田隆雄写真集」	1998(平成10)年２月

◆雑誌

| 臼井茂信編 | 「SL」No.2 | 1969(昭和44)年１月 |

◆「鉄道ファン」

山本茂三	「小名浜の古武者引退」	1964(昭和39)年６月通巻36号
井上恒一・笹本真太郎	「Ｂ６発見」	1968(昭和43)年６月通巻84号
編集部	「大井川鉄道 2100形蒸機を復元」	1993(平成５)年11月通巻391号
永江 賢	「日本工業大学に寄贈された大井川鉄道2109号」	1993(平成５)年12月通巻392号

４、誠文堂新光社

◆単行本

| 臼井茂信 | 「日本蒸気機関車形式図集成Ⅰ」 | 1968(昭和43)年１月 |

５、プレスアイゼンバーン

◆単行本

| 井上恒一 | 「美唄鉄道」 | 2000(平成12)年６月 |

◆「rail」

湯口 徹	「奥の細道 上」	1985(昭和60)年２月No.14
湯口 徹	「奥の細道 下」	1985(昭和60)年３月No.15
湯口 徹	「北線路 never again 上」	1988(昭和63)年３月No.21
湯口 徹	「北線路 never again 下」	1988(昭和63)年５月No.22
寺島京一	「台湾鉄道の蒸気機関車について」	1988(昭和63)年６月No.23

６、機関車史研究会

| 金田茂裕 | 「国鉄の蒸気機関車Ⅱ/Ⅳ」 | 1984(昭和59)年12月 |

７、"機関車"刊行会

◆「機関車」

金田茂裕	「2100系機関車群(１)」	1948(昭和23)年９月No.1-1
金田茂裕	「2100系機関車群(２)」	1949(昭和24)年４月No.1-2
金田茂裕	「2100系機関車群(３)」	1950(昭和25)年６月No.1-4

８、機芸出版社

◆単行本

| 交通博物館所蔵「明治の機関車コレクション」 | 1968(昭和43)年12月 |

９、機関車同好会

昭和23年７〜９月現在 各鉄道局機関車配置表

10、新潟鉄道局(鉄道管理局)・仙台鉄道局(鉄道管理局)

昭和23年６月以降各年次「機関車配置表」

11、社史

| 「東武鉄道六十五年史」 | 1964(昭和39)年８月 |
| 「いわき小名浜の鉄道のあゆみ」 | 1999(平成11)年６月 |

▶専用鉄道の終端、山裾に突っ込むように建つ選炭ホッパーに面した４線の小ヤード。当線名物？の古典木造２軸客車を連結したまま、2120形式2146が貨車入替に精出す。画面右手前に延びる線路は、木造単線機関庫へと続く。
美流渡砿 '64.8 Ｐ：中西進一郎

あとがき　（謝辞にかえて）

『B6回顧録』（私鉄・専用鉄道・専用線編）で基本的にお世話になったのは、和久田康雄著『私鉄史ハンドブック』である。これは私鉄関係の文献の索引集の役割を果たしており、執筆上大変役にたった。また、専用鉄道では『私鉄要覧』に専用鉄道のリストがあり、これも専用鉄道か専用線かの判定に役立った。また複雑多岐にわたる専用線は『トワイライトゾーン・マニュアル』各巻に「専用線一覧表」が掲載されており、これが大きく役に立っている。

勿論、国鉄編に引き続き、故臼井茂信、金田茂裕、寺島京一、今村　潔、小熊米雄、中村夙雄、川上幸義氏らの諸先輩にお世話になっていることは同様である。

また戦後の紙事情の厳しい中で『ミカド』誌を発行された石川一造氏には、『ミカド』を参考文献とさせていただいたのみならず、掲載写真でもご協力をいただいた。

国鉄から民間への譲渡は、中川浩一、青木栄一、星良助、渡辺　肇、奈良崎博保、故谷口良忠、白土貞夫、白井　昭、白井良和らの各氏に筆者も加え、昭和一桁世代の諸氏が足で稼いだ記録によることが多く、臼井、金田両先輩の著書にも、譲渡機の情報出典として記載されている。また、もうB6の活動期を過ぎた時代に次世代の方々が、三菱油戸炭砿機の北海道における動静などを発表されたりしており、これも大きな力となった。今後も若い方によるトワイライトゾーンの探究をお願いしたい。

最後のB6を使用した専用線、三美運輸については不明のことが多く、かつて三井鉱山で要職にあった畏友石村禮二君を通じて三井鉱山本社西野社長、鍛治屋総務担当にお願いしたところ、美唄市史も含め極めて丁重な情報をいただいた。またB6に関する参考文献は巻末にかなり詳細に記述した。文献は直接引用しないものも、今後のB6研究に参考になるものは分かる限り記載した。

三井鉱山株式会社や、文献の著者、さらに本冊で新たに写真提供をいただいた広田尚敬、高井薫平、下島啓亨、三宅俊彦、故伊藤　昭、園田正雄の諸氏、多くの竣功図をご提供いただいた三宅俊彦氏にはいずれも厚くお礼申し上げると共に、東北肥料2153の脱落の指摘と関係資料の送付に尽力された秋田市の小林和彦氏に深く感謝申し上げる。また関係写真・竣功図の収集、見事なレイアウト、筆者不備の補正に力を尽くされた『レイル・マガジン』編集長・名取紀之氏、編集委員・滝澤隆氏に感謝したい。

　　　　　　　　　瀬古龍雄（鉄道友の会新潟支部長）

北菱産業（後の志村加工）1か2号機。北海道の荒野に打ち捨てられる1輌のB6。銘板は元2287のもので元三菱油戸の2号機だ。
'59.2.　P：広田尚敬